U0179001

本书由复旦大学社会发展与公共政策学院发展基金资助

当代人类学十二讲

潘天舒　胡凤松 —————— 编

上海教育出版社
SHANGHAI EDUCATIONAL
PUBLISHING HOUSE

序

　　越来越多的现代人类学研究正在指向人类文明的那些看似平淡无奇实则关键紧要的方方面面,如经济、教育、法律、人口、卫生和营养体系……人类学研究前沿之所以发生如此变化,就是基于这一事实,即人类学必须得像其他科学一样,显示出本学科的实用性,不然就会降格成为一种慵懒者的心智游戏。①

　　国际人类学界最值得注意的变化之一,就是其关注对象正转向当代的主要社会和地区,如中国、日本、欧洲各国和美国等等。……这一动向显示,人类学家正在转而研究影响当代各共同体的重点社会问题,并开始表达出努力转化人类学研究成果,使之能为政策辩议、项目实施和一般传媒所用的意愿。②

　　上文摘引的是人类学大师马林诺夫斯基和当代医学人类学家凯博文在不同的历史瞬间,对现当代人类学学科的研究方向和发展趋势所做的预见性表述。尽管两位人类学家所处时代相隔半个多世纪,有着各自不同的学术旨趣和专业背景,但寥寥数语间,他们表达

---

① Malinowski, Bronislaw. Introduction. in I. Hogbin. *Law and Order in Polynesia: A Study of Primitive Legal Institutions*. Christophers, 1934, pp. xvii – lxxii.
② 引自凯博文(Arthur Kleinman)为"复旦-哈佛当代人类学丛书"撰写的总序。该丛书自2008年起陆续由上海译文出版社出版(主编:张乐天、潘天舒)。

出极为相似的立场和观点——强化学科的公共性、跨界性、植根性和前瞻性等特征,是人类学在一个充满不确定性的世界中得以存续、更新、转型和壮大的基本前提。而人类学研究成果一旦受到公众关注,成为公共话题,也必将有助于人类学者将目光投向象牙塔之外的光怪陆离的生活世界,而不是拘泥于对某个仪式、习俗或范式的重复论证和话语解构。

回顾马林诺夫斯基和凯博文富有时代特色的学术生涯,我们不难发现,凡是超越经院藩篱、摆脱精英意识的人类学家,不但能够使学科研究与外部世界的变化同步,而且能及时甚至超前地调整研究思路和目标。《当代人类学十二讲》的十几位编撰者在研究取向、问题意识和国际视野方面,都尽力向马林诺夫斯基和凯博文等人类学前辈看齐,承继并践行"公共性、跨界性、植根性和前瞻性"的学术思想,做到立足中国城乡社区,服务大众福祉和公共利益,通过微型民族志文本的写作方式讲好中国故事,凝聚中国问题意识,力争提出具有可操作性的解决问题的中国方案,以变通和求实的心态,找寻走出学术舒适区的可能性。

本书第一讲《人类学与公共卫生危机研究》通过聚焦医学人类学哈佛学派代表人物的民族志案例,旨在为在针对全球性公共卫生突发事件的跨学科研究过程中,如何真正发挥出学科交叉的优势,选择恰当的医学人文和公共健康视角,在实时和实地将田野研究方法用到实处,找到一条具有可操作性的技术路径。如何从后工业化时代老龄社会的机构民族志中获得启发和激励,将"他山之石"转化为在快速老龄化时代的中国城乡进行经验性研究的参照样本,是第二讲《医学人类学视角下的长者社会与日常照护实践》

的宗旨。第三和第四讲聚焦当代中国处于不同生命周期中老年人日常生活的家庭角色和身体体验变化,以混合式研究和民族志调研两种不同的数据分析和呈现方式展示了接地气的研究发现。在《中国城市家庭母系祖母参与育儿的兴起》这一讲中,张聪博士与她的合作者适时捕捉到了这样一个历史瞬间:母系祖母(外婆或姥姥)正在育儿实践中积极主动地扮演着前所未有的角色,与此同时,性别和代际关系以及育儿理念和标准正在发生根本性的变化。这一讲代表了当代中国亲属和家庭制度研究的重要趋向。在沈燕博士的《养老院老年人的身体感研究》中,养老机构中衰老赢弱的身体是田野凝视的焦点。"脏"与"不值钱"是处在养老院这个地方道德世界中绝大多数老人对自己身体价值的认知。老人的身体感通过生理感受层面和医学话语的建构层面得以表达,在本质上是一种倾向于消极的自我认知。如何对待老年人,在强调科学和技术的同时如何保证老年人的尊严,这是对于处在深度老龄化社会里每位有识之士的灵魂拷问。

本书第五讲和第六讲聚焦后殖民时代新西兰和夏威夷的身份建构、国族叙事和公共记忆实践,从人类学的视角对经典案例进行综述和分析。由于受到客观条件的限制,两位作者没能在新西兰和夏威夷诸岛的土著社区中展开系统和深度的田野调查,更多的是短时段的实地观察和访谈。即便如此,《全球化时代的族群协商与二元文化主义——以新西兰的社会契约为例》和《人类学视角下的公共记忆与族裔认同——以夏威夷为例》这两讲应该可以为全球化语境下中国中青年学者的海外民族志研究,提供不落俗套的思路和洞见。这两讲也为基础薄弱的复旦大学民族学研究如何在新时代拓宽国际视野和进行有的放矢的跨文化比较,做了有益的尝试。

记忆作为一个独立的分析范畴,对于个人、集体和社会认同研究的具有重要的学术价值。本书的第六和第七讲则充分展现了当代记忆人类学的视角和方法对于田野实践的现实意义。第六讲所强调的是记忆的公共属性以及记忆在实践中与公共事件、公共空间和场所、公共机构、公共人物、社群和物品有着紧密的关联度,公共记忆的建构与表达和族群文化认同两者间存在的交互作用关系。在第七讲《如何记忆"社会"——人类学的视角》中,何潇博士将田野凝视的目光投向城市打工者的家乡、家庭、职业和人情记忆,分析了日常生活中"家"和"职业"这些制度的记忆如何得以传递。这一沟通不仅限于日常话语本身,而且还依赖于物质形式(如食物、身体、礼物和金钱)。与此同时,物质本身也承载着自己的信息和记忆,让对家庭和职业的记忆充满不确定性和难以表述。这一难以表述恰恰可以促成一种对人情记忆的渴望,对"遗忘"人情的担忧以及对"社会"的道德批评。

第八讲《丧葬仪式中的污染观念与卫生实践——以上海崇明乡村为例》透过丧葬仪式的棱镜,对死亡这一人类生存过程的终极话题进行了深入细致地探讨。在作者唐沈琦看来,死亡的发生带来社会与文化结构的断裂与紧张,并牵引出一系列与死者及其死亡事务相关的道德事项。在丧葬仪式中,对作为仪式主体的死者而言,"污染"是实质性的事实,但对作为仪式操演者的生者而言,也是道德性的事项,它明确了社会关系的边界以及权责道义的范围。唐沈琦基于对上海崇明乡村的丧礼的田野调查,得以发现:在一场当地人的丧礼中,人们依然遵循地方性的意义传统来进行仪式实践,人们基于性别的分类秩序明确关于应对死亡的不同责任和义务,从而重申道德秩序。同时,为了应对以殡仪馆体系为代表的将死亡进行客体化处理的实践方式,人们在地方性的丧葬仪式观念和客体化的死亡事务处理理念中进行了实践的摇摆,在这一过程中,人们通过动态的实践选择确立道德的边界。唐沈琦的田野研究准确捕捉了当代中国城乡正在发生的社会医疗化和葬仪商品化这两大对生命事件具有深刻影响的转型瞬间,恰逢其时地提供了一份兼具植根性和前瞻性的民族志文本。

本书的第九和第十讲的核心议题是人类学者如何在全球化和地方转型的大背景中对高校国际化教学实践和竞技体育进行观察和反思研究。第九讲《自我身份与文化认同:中国高校国际化教学实践的人类学思考》以复旦大学国际课程教学案例为基础,针对教学日常实践中存在的中国学生与外国学生不断二元化的现象进行讨论。朱剑峰教授把中国教育界的"国际化"放置于"多元文化主义"的框架内研究,从而和欧美教育界的平行议题接轨。她进而指出,课堂实践中的中国/外国学生身份认同反映了对自我、文化和代表的核心概念的认知问题。这一讲旨在通过提倡在"跨国多元文化主义"框架内对国际学生身份的同一认知,以改变目前中国/外国二元身份认同的现状及其带来的未可预知的影响。近年来社会学和人类学的视角与方法开始对国内体育研究产生一定的影响,包括参与式观察法在内的质性研究手段开始得到体育院校和普通高校体育院系师生的重视,体育社会学和体育人类学也成为一门有发展潜力的分支学科。第十讲《当代人类学视角中的竞技体育研究——基于民族志洞见的启示与思考》既契合了跨学科教研的需求,又可以欧美体育民族志为他山之石,使体育研究得以从运动科学、实验和统计科学之外的田野洞见获得裨益。

作为本书压轴的第十一讲和第十二讲,分别来自两位国际人类学界老当益壮的明星级学者孔迈隆和凯博文。他们是当代亲族研究和医学人类学这两个领域的权威,也是复旦人类学团队多年以来的良师益友。第十一讲是孔迈隆教授于 2016 年荣获上海人类学学会终身成就奖的获奖演说文字整理稿。年近八十的孔迈隆从美国纽约飞抵上海,在上海人类学年会开幕式上,接受金力会长颁发的终身成就奖,并兴致勃勃地做了题为"人类学中国研究领域成长的亲历见证"获奖演说,对自己长达半个多世纪的人类学探索之旅做了扼要回顾。从 20 世纪 50 年代在美国人类学重镇哥伦比亚大学开始进行专业学习的孔迈隆,可以说是当代人类学在美国和华人世界发展和重构的亲历者和见证者。可以说,现仍健在的北美人类学家,很少有人像孔迈隆那样拥有正统的专业训练履历。他至今仍然是"现代美国人类学之父"博厄斯(Franz Boas)当年办公室的指定使用者。除了令人肃然起敬的学术谱系,孔迈隆教授还是一位在人类学中国研究领域享有盛誉的开拓者,也是改革开放之后第一位(可能是唯一一位)在美国常青藤大学以东道主身份接待并与费孝通进行学术交流的人类学家。值得一提的是,在 20 世纪 90 年代,孔迈隆应邀与上海社会科学院的专家一起在上海县进行过短期的田野研究。《人类学中国研究领域成长的亲历见证》这一记录孔迈隆学术和求知一生的文本具有催人奋进的作用。

第十二讲《人类学视野下的关怀护理》是凯博文在复旦大学"当代人类学讲坛"做第一讲的文字整理稿。这是凯博文首次以照护实践为主题的海外演讲,集中阐述了自己对"照护"这一议题的研究思路,不少观点发表于包括《柳叶刀》杂志在内的期刊论文中。此后凯博文与英国社会学家威尔金森合著的《对社会的热情:我们如何思考人类学的苦难》[1]和出版于 2020 年的力作《照护》[2],也是以个人的照护体验和研究经历为出发点,强调当代学者应守护社会科学前辈以研究改善和造福社会的这一初心,同时也是他对在面对苦难和疾痛时,应该如何介入、实践、行动的思考和回应。作为本书的最后一讲,本讲既是全书所想象和追求的人类学研究和实践的展现,亦为未来的研究提供了一个令人兴奋、大有作为的方向和基调——脚踏实地、顶天立地,让人类学真正成为一门"学以致用"的学科。

从字面上看,人类学就是研究"人之所以为人"的学问。现代人类学的形成和发展与启蒙运动、工业革命和殖民扩张密切相关,其学科的主要特色在于,以独特的观察视角描述、分析和阐释生物多样性和文化多样性的田野研究方法,以及兼具科学态度、人文情怀和反思精神的研究风格。在过去的一个多世纪里,人类学学科在北美研究型大学里,以生物(体质)、考古、文化以及语言四大人类学分支(所谓 four field approach)的格局得以存在、延续和拓展。可以说这一专业制度架构和组织模式赋予了人类学以其他学科少有的整体和全观视野。与中国国内其他高校相比,复旦大学就院系布局而言,有着人类学"四分科"的资源优势。与此同时,上海独特的地理和人文环境也为复旦人类学学科走向专业化和国际化提供持久的动力。

自 2006 年海归复旦以来,本人与复旦社会发展与公共政策学院人类学教研团队的师生一起,在日常教研实践中对当代人类学的热

---

[1] Wilkinson, Iain, and Arthur Kleinman. *A Passion for Society: How We Think about Human Suffering*. The University of California Press, 2016.

[2] Kleinman, Arthur. *The Soul of Care: The Moral Education of a Husband and a Doctor*. Penguin, 2020. 中译本参见《照护》,姚灏译,中信出版社 2020 年版。

点议题不断探讨和反思：从文化之道到田野之术，从吃喝玩乐到生老病死，进而获得对"人之所为人"这一学科终极命题的感悟。《当代人类学十二讲》是我们团队还不甚成熟的阶段性成果。在未来，我们将与上海教育出版社储德天老师精诚合作，以发展人类学、医学人类学为起点，策划包括教育人类学、商业和技术人类学以及都市人类学等分支学科在内的"人类学讲读系列"，并以此为平台，充分展现出一个有趣、有用和脚踏实地的复旦人类学学科的精神面貌。

潘天舒　于花园城

2023 年 2 月 27 日

目录

第一讲　人类学与公共卫生危机研究[①]

潘天舒

缘　起

近二十年来围绕公共卫生突发事件展开的跨学科研究作为国际人文社会科学领域的一大热点,已经受到学界内外的持续关注。其主要原因是:包括 SARS、禽流感、H1N1 流感、埃博拉病毒和至今尚未结束的新型冠状病毒(2019 - nCoV)肺炎疫情危机对于个人、家庭、社区、城市、国家和国际社会所造成的多方位冲击,对于处在全球化和地方转型时代的中国社会和经济秩序、国家卫生安全和国际关系秩序所产生的不可预知影响,已经远远超出了病毒学、流行病学、全球健康、国际关系和公共政策领域的认知和决策范围。2020 年临近岁末,当全中国人民共同抗击疫情取得举世瞩目的阶段性胜利之时,包括英美在内的不少医疗科技强国却仍然笼罩在新冠肺炎病毒肆虐的至暗时刻。面对世纪变局,社科学者如何因地制宜地把握这一难得的研究契机,透过疫情这面棱镜,针对这一突发公共卫生事件对普通民众日常生活所产生的不可预知的影响,进行实时实地的多学科交叉研究,充分发挥人类学与社会学想象力、民族志方法的洞察力,具有不容低估的学理价值和现实意义。

本讲聚焦人类学者如何运用学科特有的优势,扬长避短,在针对

[①] 本文初刊于《广西民族大学学报》(vol.42,no.1)(2020 年 2 月),题为"重大公共卫生事件中应如何作为"。此为修订版,文字有所增删。

公共卫生危机事件的跨学科研究中应该如何有所作为这一议题,通过对既有田野案例的回顾和讨论,力图为中国人类学、民族学和社会学专业学者在后疫情时代如何审时度势,汲取疫病人类学研究的国际经验,在多学科合作研究流行性瘟疫的特殊语境中,找出可资借鉴的方法和途径,同时为当下疫情危机中进行实时实地的应急田野观察和分析厘清研究议题,并提供有操作性的思路和见解。

疫病与疾痛体验的人类学视角：
基于民族志洞见的启示

人类学家马林诺夫斯基在第一次世界大战期间,于特布里安岛进行实地考察时所采用的以参与式观察为特色的田野研究手段,成为文化人类学的重要标志。所谓参与式观察,就是要求人类学者在田野实践过程中,以沉浸式的方式进入他(她)所研究的特定社区,体验当地人的日常生活,最大限度地参与所研究对象的社会活动,通过细致入微的深度观察,来收集与研究主题有关的一系列专门性的地方知识。[1] 常规意义上的人类学者不像某些号称也做田野研究的其他社会科学的学者,在人生地不熟的地区待上十天半个月,发发调查问卷,然后通过翻译与当地人简单交流提问,就作别了事。[2] 要真正实现参与式观察的目标,人类学者通常要在他们所选定的研究场所

---

[1] Malinowski, Bronislaw. *Argonauts of the Western Pacific*. E.P. Dutton & Co. 1961 (1922). 中译本参见《西太平洋的航海者》,梁永佳、李绍明译,华夏出版社 2002 年。

[2] 新冠疫情伊始,不少学者凭着敏锐的专业嗅觉和本领,利用新媒体社交平台,以线上问卷收集数据等时效性数据收集方式来捕捉这一难得的研究契机。然而,在人类学领域,随着马林诺夫斯基创立的以参与式观察为核心的田野调查方法的深入和普及,在特定社区进行至少为期一年的深度系统体验、观察和分析的研究策略,仍将成为行内绝大多数人数据收集的标志性手段。

（如村庄、集镇或街区）居住一年以上的时间，观察不同农忙时节对于当地生活的影响；同时通过与社区里研究对象共同生活和工作，分享成为社区中普通一员的深刻体验。在田野研究中采用参与式的观察法，对于人类学者来说，意味着参与当地人日常生活的方方面面，顺应当地习俗并尽可能参加一切仪式和活动，力求获取能解决自己疑问的细节和讯息，从而加深对所在社区日常生活的了解。参与式观察使人类学者在社会交往和文化信仰价值的广阔语境中，以当事人的视角和立场来观察和解析人们的一言一行。这也是人类学田野研究方法有别于常规意义上的质性研究方法的重要方面。

值得注意的是，马林诺夫斯基是在极其特殊的历史瞬间（第一次世界大战）和地域环境（闭塞的小岛）中，意外"发明"了参与式观察法，并且有长达两年的时间来对其加以完善和系统化，最终在《西太平洋的航海者》一书中描述和总结。也就是说，以参与式观察为核心的田野研究方法，是一个由历史、现实和研究者本人共同造就的产物。因此，在包括新冠肺炎疫情在内的公共卫生危机期间，人类学者所采用的田野研究方法，在实践中必须针对语境的特殊性，在保持基本原则的前提下进行变通，才具备可操作性。如下文将叙述的，以凯博文（Arthur Kleinman）为代表的医学人类学者（尤其是具有医学、公共卫生和精神病学背景的多面手）所完成的具有示范意义的疫病人类学民族志案例，就充分展示人类学方法经过调整并灵活使用而体现出来的学理价值。

与汗牛充栋的流行病学、病毒学和公共政策学领域的文献相比，针对2003年SARS疫情等公共卫生危机事件所进行的带有跨学科特征的质性研究案例为数不多。笔者经过初步梳理后，认为下列三部民族志案例在观察视角和路径选择方面与本文议题最具相关性：

哈佛大学人类学者凯博文和华琛主编的《SARS 在中国：下一次流行疫病的前奏?》、耶鲁大学社会学者戴慧思和人类学者肖凤霞的《SARS：中国三座城市的反应与解读》以及布朗大学人类学者梅其芸的《传染之变：SARS 危机后中国公共健康卫生体系的重塑》。[①]

　　上述案例中最具范本意义的无疑是《SARS 在中国》。作为凯博文和华琛在 SARS 危机结束后从速编撰的哈佛专题会议论文集，《SARS 在中国》一书充分吸纳了包括人类学、社会学、全球健康、经济学、医学史和公共政策等相关领域顶级专家观点，试图对 SARS 这一在 21 世纪首次发生的全球公共卫生突发事件进行重构、分析和反思，可以说开了以多学科合作方式来研讨风险社会与流行疫病的先河。同样，戴慧思和肖凤霞的《SARS：中国三座城市的反应与解读》力图在文化地理、传媒研究和大众文化的跨学科视角内，对全球公共卫生危机中的焦点议题展开讨论，如：空间治理和安全、公共卫生政策制定、公共文化建构以及社会危机中大众传媒扮演的角色。由于中国政府力挽狂澜，SARS 危机在 2003 年春夏之际即迅速结束，这两本书似乎失去了"时效性"，并没有受到中国学者的广泛关注。而凯博文和华琛主编的《SARS 在中国》一书的初衷，正是希望能为跨学科研究提供他山之石，为人们避免或者更从容应对下一次疫情做好知识储备和经验积累。

　　值得我们重视的是，凯博文在《SARS 在中国》一书中针对"疾病污名化"和"社会苦痛"体验的阐述，华琛对于全球化语境中由于"前

---

① Kleinman, Arthur, and James Watson eds., *SARS in China: Prelude to Pandemic*. Stanford University Press, 2005; Davies, Deborah and Helen Siu eds., *SARS: Reception and Interpretation in Three Chinese Cities*. Routledge, 2006; Mason, Katherine A. *Infectious Change: Reinventing Chinese Public Health: After an Epidemic*. Stanford University Press, 2016.

现代"食物生产体系与"后现代"生活方式共存而产生的风险和挑战所做的带有某种预见,为17年之后新冠疫情危机中进行的田野观察和分析,提前做好了功课。在疫情前期,国内某些地区出现了针对武汉和湖北其他地区人员的不加甄别的歧视,并导致将来自疫情震中省市的旅行者标签化和污名化。与此同时,类似武汉华南海鲜市场和北京新发地被相继"确诊"为新冠病毒疑似发源地,这势必对以供应鲜活水产品和家禽为特色的室外农贸集市的正常营业造成难以估计的负面影响。城市老年居民每日光顾的农贸"湿货市场"(即饮食人类学者所称的 wet market)在"士绅化"改造和公共卫生条例苛求下被迫关闭或重建。如何维护农贸集市这一象征地方生活世界多元化的文化生态体系,势必成为后疫情时代的一大挑战。

作为首部以华南某疾控中心为田野聚焦对象的民族志作品,《传染之变》一书力图探讨 2003 年 SARS 疫情发生后,中国地方性公共卫生体系在日常重构过程中如何关注个体的问题,展示了 SARS 疫情结束之后中国基层公共卫生人员专业化进程中遭遇的困境以及科技工作者在制度重建过程的努力。作者梅其芸指出:公共健康卫生体系缺乏对个体的关怀是一个普遍的跨文化现象,人口是一个统计学的概念,是对总体的客观描述,被制度性的话语所审视。国家层面的宏大叙事强调公共健康卫生体系的存在是出于集体的利益,而非只是个体利益。在新冠病毒防疫关键时刻上任的湖北省委书记应勇在公开场合反复强调的"与疫情相关的一个个数字背后,是一条条鲜活的生命"[1],也印证了梅其芸在《传染之变》中有关公共健康卫生体系必须关照被人口统计数据所遮蔽的个体利益这一弥足珍贵的田野洞见。

---

[1] 李保林,周呈思,《应勇检查督导建院增床和医疗救治工作:"四个刻不容缓"抓好救治和阻隔 尽一切可能挽救更多生命》,《湖北日报》2020 年 2 月 19 日。

如果说以 2003 年东亚地区 SARS 危机为凝视对象的民族志案例,对当前疫情研究具有温故而知新的田野指南意义,同样《病毒网络:有关 H1N1 流感瘟疫的病志学》《传染病与不平等:当代瘟疫》和《或许是瘟疫:"危险"公共文化中的戏剧性事件》等以传染病为主题的疫病人类学著作也特别值得关注。① 前者以 2009 年到 2010 年期间爆发的 H1N1 流感瘟疫为棱镜,聚焦一个由病原体、专家和普通人群所构成的全球公共卫生网络。麦克菲采用的多点民族志(multi-sited ethnography)研究方法指出:对于流感瘟疫,研究者无法提供任何线性的单个叙事文本,因而呈现多声道的叙事文本才是可取的路径。此外,作者围绕确定性(certainty)、"可预测的不可预测性"(predictable unpredictability)提出独到见解。《或许是瘟疫》则聚焦社会焦虑作为流感灾难科学性预测的产物本身,其主要研究对象是作为一种风险(公共)文化的流感,而不是作为单纯疾病的流感。这两部来自全球健康公共文化研究者的民族志,对于身处疫情中的中国同行来说,是弥足珍贵的他山之石。

健康不平等的田野呈现:疫情中的脆弱人群

医学社会学者威尔金森在《不健康的社会:不平等的苦痛》一书中,围绕"健康不平等"这一核心主题,阐发了他对社会均衡度与国民健康状况之间关联度的代表性立场。首先,最健康的社会往往不在

---

① Theresa, MacPhail. *The Viral Net Work: A Pathography of the H1N1 Influenza Pandemic*. Cornell University Press, 2014; Farmer, Paul. *Infections and Inequalities: The Modern Plagues*. University of California Press, 1999; Caduff, Carlo. *The Pandemic Perhaps: Dramatic Events in a Public Culture of Danger*. University of California Press, 2015.

最富有的国度(如美国);其次,通过分析来自全世界的实证数据,威尔金森发现在死亡率和收入分配模式之间存在着明显的关系。① 例如日本和北欧诸国的国民在医疗卫生方面得到的福利、服务以及他们的健康状况,要明显高于美国的人均水平。尽管从经济层面来说,美国是全世界亿万富翁最为集中和医疗技术最发达的社会,然而就维护社会公正的努力而言,它却大大落后于其他发达国家。社会越健康,经济收入分配就越趋向于均衡,社会整合度也越高。但国家的富足不一定意味着其人口健康状况就能得到相应的改善。另外,死亡率和收入分配模式之间也有一定的相关性。贫富差距的扩大,会大大地削弱社会凝聚力,使社会成员难以应对来自疾病和痛苦的风险。在威尔金森看来,社会孤立感的加剧和处理压力能力的缺乏会在健康指标中得到明显反映。因此,社会的健康程度取决于社会契约关系的强度、国民的安全感和社区内部纽带等综合因素。社会的健康程度并不取决于经济发展的速度和财富的积累,而社会成员的生活品质与社会公平之间却有着紧密的关联。美国成为全球感染人数和死亡人数最多的新冠疫情最为严重的"震中",正是因其健康不平等的结构性特征而导致原本就没能达到均衡配置的医疗资源,在疫情中根本无法经受挤兑的压力。少数族裔和没有能力购买商业医疗保险服务的穷苦人群以及被困于养老机构的老人,也就势必成为新冠病毒的主要受害者。

与医学社会学者威尔金森极具前瞻性的健康不平等研究一样,医学人类学哈佛学派中最具公共性色彩的保罗·法默(Paul Farmer)和金镛(Jim Kim)在全球健康领域三十多年的辛勤耕耘,也

---

① Wilkinson, R. *Unhealthy Societies: the Afflictions of Inequality.* Routledge, 1996.

为当代中国人类学和流行病学领域从事跨界研究和诊疗实践的有志之士,提供了显而易见的示范性研究成果。早在 1987 年,法默与金镛就成立了以社区为基础的非营利组织"健康伙伴"(Partners in Health),即与美国、海地、秘鲁和墨西哥缺医少药的穷人结成健康伙伴。作为融学术探索与医药服务为一体的平台,健康伙伴成功地将其导师凯博文的医患关系理念从精神病和慢性病引入急性流行病的救治过程,为长期以来困扰当代人类学者的理论——应用二元论展示了一种可能的解决方法。

在法默刚开始哈佛人类学研究生专业学习时,就已经形成了对这门学科所应具备的现实意义和功用的独特见解。在阅读马尔库斯和费彻尔的名作《作为文化批评的人类学》时,法默敏锐地抓住了书中被多数学者忽视的一个观点,即诠释人类学尚需担当起对历史和政治经济学全面负责的重任,[①]而对于法默来说,这意味着他必须成为将治病救人和学术思辨有机结合的诠释人类学家。[②] 法默注意到:自从首个艾滋病例被确诊和报道以来,流行病领域对这一全新顽症的科研发现可谓汗牛充栋。而与此同时,如何从社会、经济和政治等决定因素来对艾滋病流行趋势和特征获得真正的跨学科洞见,仍然是一项未竟议题。在北美公共卫生权威机构的专家和官员的眼中,源自非洲的艾滋病病毒在 1985 年进入海地,随后传向美国。这似乎是一条合乎常理的流行病传播的必经之路。然而,法默以大量流行病数据为立论基础,确证艾滋病病毒实际上是从美国输入海地,其携

---

① Marcus, George, and Michael Fischer. *Anthropology as Cultural Critique: An Experimental Moment in the Human Sciences.* University of Chicago Press, 1986. p.86.

② Farmer, Paul. *Partners to the Poor.* University of Californian Press, 2010. pp.30-31.

带者多半是以游客身份来海地享受性产业服务的美国人、加拿大人和海地裔美国人。他们在一个叫"家乐福"（Carrefour）的贫民窟以极其低廉的价格卖淫嫖娼。一直承担艾滋病毒传播"中转国"恶名的海地不但是替罪羊，更是由于全球不平等所造成的艾滋病毒泛滥的受害者。欧美对海地的不公责难对海地经济和贫民造成了难以估量的伤害。法默毫不犹豫地以此为探究议题，综合来自田野民族志、历史、流行病学和经济学的数据，撰写一部"以苦难遭遇为阐释对象的人类学"博士论文，在此基础上完成了《艾滋与责难》这部当代医学人类学和全球健康领域并不多见的接地气的民族志"跨界"之作。[1] 在1999年出版的《传染病与不平等：当代瘟疫》一书中，他秉承《艾滋与责难》的核心观点，指出：现实中广泛存在的全球和地方性的健康不平等及其背后的结构性力量，最终决定了为什么有些人能幸免于"传染"，有些则成为被感染者并遭受责难。通过民族志叙事和分析，法默对流行病学和国际健康领域的方法论提出了质疑和挑战。法默的医学人类学者和医生的双重专业角色，使其研究融合了来自人类学、临床医学和流行病学领域的不同视角。法默的开创性研究，为我们在当下田野研究中如何关注疫情中医疗资源无法惠及的边缘人群（尤其是老弱病残者），并进一步思考健康不平等与抗疫成效之间的相关性，具有启发灵感和思路的作用。

凝聚中国问题意识，提出中国方案

国际人类学和社会学界近二十年的"公共转向"趋势促使越来

---

[1] 参见 Farmer, Paul. *AIDS and Accusation*. University of California Press，1992。

多的学者主动参与公共议题的讨论,并希望自己的研究成果能为政策辩论、项目实施和传媒所用,从而得到公众认可。与此同时,国内高校的人类学系所也开始寻找融学理思索与应用实践为一炉、旨在打破学科界限的,并具有显著的公共性、跨界性、植根性和前瞻性等特征的学科构建路径,在不同田野语境中,为针对流行病疫情人类学和防疫社会学的实证研究,打下牢固的基础,充分展示了与国际同行进行理论对话的自信和人文情怀。尤其值得一提的是,作为医学人类学哈佛学派在中国的核心代表人物,清华大学全球健康研究中心主任景军,以十年磨一剑的韧劲,在积累大量中国本土个案和实证材料的基础上完成力作《公民健康与社会理论》,创造性地提出"公民健康概念在中国到底意味着什么"的研究问题。[①] 围绕一系列社会理论如健康的社会阶梯说、健康的社会文化建构论、生物权力说以及地方生物学等展开以瘟疫、艾滋病和其他公共疫情以及日常疾痛体验为主题的田野研究,并在此基础上升华理论,进而打造医学人类学和公共健康研究的中国范式。以景军及其清华大学研究团队为代表的中国新生代医学人类学者和医学社会学者的开拓性贡献,为如何凝聚中国问题意识、讲好中国故事,并努力提出具有操作性的解决问题的中国方案,做出了表率。

在凯博文和景军的鼓励和鞭策下,笔者在 2006 年从海外回国,就职于复旦大学后,与张乐天教授合作,在浙北海宁地区进行了一次为期三个月的防疫人类学田野调查。笔者和张教授等同事以多元的数据分析方法,在参与式观察、深度访谈和挖掘个人、集体记忆的基础上,重构禽流感这一对当地人日常社会经济生活产生重大影响的

---

① 参见景军:《公民健康与社会理论》,社会科学文献出版社 2019 年版。

公共卫生突发事件的过程，同时在特定语境和场所审视不同年龄性别和社会经济地位的人员应对禽流感危机的策略和行为模式。通过对当地各级政府和防疫部门以及普通民众应对禽流感威胁的策略和措施的分析，笔者和同事力图揭示，在危机过程中逐渐唤起的一种长期积淀的"集体生存意识"在特定语境中，是如何推动传统的"调适性智慧"（adaptive wisdom）与现代流行病防疫知识有机融合，融入抗击突发性瘟疫的医学实践之中，在社区中发挥其难以替代的心理慰藉功能，进而丰富支配人们行为的地方文化的内涵。[①] 笔者和同事以"浙北海宁地区应对禽流感瘟疫"为主题的中英文论文发表之后，得到国内外医学人类学、医学社会学、流行病学和医学史专家的一定关注和认可。[②]

完成于十多年前的禽流感田野研究实践，为笔者所在团队在当前疫情下有的放矢地选择有可行性和可操作性的田野研究策略和方法，提供了难得的灵感和启示。首先笔者将继续借鉴哈佛大学法学人类学家 S. F. 莫尔首倡的对于"诊断性事件"的田野观察手段，[③]在对新冠疫情危机中上海老龄社区的应对策略进行的细致分析基础上，对"调适性"智慧、居民归属感和准志愿精神的内涵的表现形式进行"深描"（thick description），同时关注抗疫这一"诊断性事件"过程中出现的多声重叠和共振的现象。在田野研究过程中，笔者和团队成员尤其注意倾听来自地区医院志愿者、养老院负责人和护理人员、

---

① 参见潘天舒、张乐天：《流行病瘟疫与集体生存意识：关于海宁地区应对禽流感的文化人类学考察》，《社会》2017 年第 4 期。
② Zhang, Letian, and Pan Tianshu. Surviving the crisis: Adaptive wisdom, coping mechanisms, and local responses to avian influenza threats in Haining, China. *Anthropology and Medicine*. Vol. 15, No.1, April 2008.
③ Moore, Sally Falk. Explaining the present: Theoretical dilemmas in processual ethnography. *American Ethnologist*, 14(4). 1987.

居委会干部、社区卫生中心、护理院工作人员、家政人员、老年服务提供者和老龄社区居民对于疫情期间经历的叙述。这些来自基层的声音构成人类学家赫兹菲尔德所说的"社会时间"（social time）所需的要素，浓缩了人们的日常体验，与邻里生活紧密结合在一起，塑造出反映人生百态、具有各种形状和气息的公共性记忆，恰好补充了各类以战"疫"为题材的文本所构建出的"丰碑时间"（monumental time）。① 笔者认为，"丰碑时间"内展现的广大医护人员和各级领导在抗疫中的英雄气概和正能量，固然令人动容，然而"社会时间"所涵盖的普通民众的疫情经历，也应该成为民族志凝视（ethnographic gaze）的焦点。

结　语

21 世纪出现的以 SARS、禽流感和新型冠状病毒疫情为代表的全球性公共卫生危机事件必将促使我们对已有的全球化理论在观察视角和论述维度方面的缺陷和不足进行反思。早在 20 世纪 90 年代初，国际人类学界全球化研究权威阿柏杜莱就借助一整套有关"景观"（scapes）的隐喻来特指全球化研究值得关注的五大维度，即族群景观、技术景观、金融景观、媒体景观和意识形态景观，为观察和认识逾越传统边界的全球化所代表的"非地缘化"力量以及特定地方性的形成，提供了极具操作性的分析框架。② 然而阿柏杜莱的理论成型于

---

① Herzfeld, Michael. *A Place in History: Social and Monumental Time in a Cretan Town*. Princeton University Press, 1991.
② Appadurai, Arjun. Disjuncture and difference in the global cultural economy. *Public Culture*, 2(2), 1-24, 1990.

20世纪八九十年代冷战结束之际,没有充分考虑到黑天鹅事件尤其是全球性流行性疫病危机的场景(笔者将其称为 pandemicape,即"流行疫情景观")。21世纪发生的全球突发性公共卫生事件有两次与中国密切相关,因此通过针对全球化和地方转型语境中"非常态"事件的田野研究,中国学者完全有可能对阿柏杜莱等学者的基于"常态"而建构的全球化理论框架做出修正。

必须指出的是,聚焦突发性公共卫生事件的田野民族志研究有着广阔的空间,但在我国当前人文社会科学领域针对类似议题的研究,基本上是以定量研究和模型预测的实证主义导向所主导。这种只见数据不见生命个体的"科学"研究模式,在针对本次新冠疫情引发的灾难研究中显得捉襟见肘,手足无措。凯博文在《道德的重量》一书中写道:"存在于日常生活中的危险和无常因素,要远远超出常人的认知范围,然而面对健康、社会和自然威胁,总有学者和官员倾向于夸大自身在风险管理、后果预测和事件掌控方面的能力。"[1]显然,这一立场根本无助于我们应对诸如流行瘟疫、地震和当今的全球性金融危机这样的天灾人祸。凯博文敦促社会科学工作者在研究中建立这样的认识,即任何对于危险的人为控制都有其局限性,不可预知性要大于可预测性,而且就可行性数据而言,现有知识显得尤为不足。灾难与危机其实是人类生存的一种常态,凯博文称为"社会苦痛"(social suffering)。这种社会苦痛是指灾难和危机发生之后给特定人口和社区所带来的后果,包括来自社会、健康和财产等方面的紧密相关的问题。因而,政府和社区方面有必要集众多学科专家之所长,对这些复杂问题的诸多方面进行探讨,以做到未雨绸缪。比如

---

[1]　Kleinman, Arthur. *What Really Matters*. Oxford University Press, 2006.

说,来自公共卫生、医疗保健和心理治疗领域的专家就应该与有关工程、农业、规划和技术部门的专家进行合作。为应对灾难威胁而组成的计划团队中,必须包括政府和非政府机构中的人员和相关社区的代表。这些专家需要各种案例来制定管理原则和落实各项服务。因此,应对灾难危机计划的一个极为关键的部分,就是管理,一项与"履行和落实"有关的科学(即凯博文弟子金镛主张的"the science of delivery")。这一以"履行和落实"为宗旨的科学,吸收了来自经济学、公共行政、管理和社会科学方方面面的经验和技能,正在逐步成形。而医学人类学作为一座跨学科的桥梁,在一方联结社会和人文科学,在另一方联结健康和政策科学,必定能为案例研究和找寻潜在的有效干预方式提供视角、思路和途径。

人类学的学科特色首先在于其独特的观察、描述、分析和阐释生物多样性和文化多样性的文化视角,以及兼具科学态度、人文情怀和反思精神的研究风格。这使得人类学者在研究包括新冠疫情在内的突发性公共卫生事件时,比其他学科更具独特的视角和方法论优势。有的放矢地借鉴医学人类学哈佛学派的成功经验,在跨学科合作研究的语境中,聚焦风险社会时代如何在社区和地方层面应对大规模流行性疾病威胁这一核心议题,不但回应了国内外人类学、社会学和民族学学科的发展趋势和研究动态,也与推进治理体系和治理能力现代化和完善公共卫生基本建设的国家需求高度契合。2020年2月23日习近平总书记《在统筹推进新冠肺炎疫情防控和经济社会发展工作部署会议上的讲话》①和黄奇帆发表的《新冠肺炎疫情下对中国

---

① 习近平:《在统筹推进新冠肺炎疫情防控和经济社会发展工作部署会议上的讲话》,https://www.xuexi.cn/lgpage/detail/index.html?id=5263885539366180855&item_id=5263885539366180855,2020-02-23。

公共卫生防疫体系改革的建议》,①,无不在提醒包括人类学者在内的社会科学工作者:将公共卫生突发事件的研究与中国国家治理和公共卫生基本建设问题联系起来,在对常规田野研究方法进行变通和调整的基础上,进行充满人文精神的实证分析,不仅正当其时,而且势在必行。

① 黄奇帆:《新冠肺炎疫情下对中国公共卫生防疫体系改革的建议》,第一财经 2020 - 02 - 11, http://www.yicai.com/news/100500338.html。

第二讲　医学人类学视角下的长者社会与日常照护实践①

潘天舒　胡凤松

缘　起

在全球老龄化和医疗社会化的背景下,关怀护理(care-giving)通常被视为建构健康服务体系的一个专门范畴,涉及社会工作、家庭卫生保健服务、护理技术、各类疗法、康复、临终关怀和心理咨询和治疗等领域,具有职业化、制度化和产业化的明显特征。与老人护理实务紧密相关的文献可谓汗牛充栋,而且大多是针对养老机构和从事护理专业人士的指南和手册类书籍,其中最具代表性的可能是霍根夫妇所著《老年护理的各个阶段:做出最优选择的行动指南》②。然而,在相当长的时间内,以护理、照料为专题的服务手册类读物,其出发点只是指导专业人员在已有的法律和制度框架中如何按既定步骤(how-to)和方案(protocol)完成一定质量的标准化看护任务,很少涉及医学和相关领域的日常科研诊疗实践。而对于承担护理重责的配偶、子女、亲友和社会网络来说,指南和手册所传递的高度专业化的护理常识与信息,远远无法满足他们面对照护病患这一冷峻现实时

---

① 本文初刊于《上海城市管理》(vol.24,no.6)(2015年11月),题为"医学人文语境中的老龄化与护理实践"。此为修订版,文字有所增删。

② Hogan, Paul, and Lori Hogan. *Stages of Senior Care: Your Step-by-Step Guide to Making the Best Decisions*. McGraw-Hill, 2009.

的真正需求。

力求摆脱专业化、产业化和机构化对于养老研究视野的局限,将老年护理置于医学人文维度之中,视其为道德伦理实践不可分割的一部分,已经成为相当多人类学、社会学和社会工作学者的共识。本文试图在多学科交叉的视角下,通过"跨界"审读和评析不同模式及风格并带有一定代表性的实证案例,为笔者和同事们正在进行的老龄化和护理实践的民族志田野研究寻求可资借鉴的思路,并针对不同的研究对象和情境,设计不同的研究框架和获取田野数据的策略。老年护理实践研究的关注点,不能满足于发现"到底发生了什么"(what really happens),而是对一系列由各类病例所组成的"社会事实"背后所揭示的道德和伦理层面多层含义(what really matters)的阐释和解析,以期获得植根于日常生活的前瞻性洞见。

民族志棱镜中的养老机构日常实践:
以《点灰成金》和《护理困境》为例

1981 年 11 月 23 日《福布斯》杂志刊发了一篇题为"灰色金子"("The Grey Gold")的专栏文章,旨在鼓励美国投资者将重点转向成长迅速的养老产业(即任何以老年人群为对象的产业)。这篇具有某种划时代意义的文章不但为《点灰成金》①一书的书名提供了灵感,也帮助该书的作者确定了研究方向。

1982 年,该书作者戴蒙德在芝加哥的一家养老院以最低薪酬找到了一份护理的工作。在那里,戴蒙德为彻底失能的住院老人助浴、

---

① Diamond, Timothy. *Making Gray Gold: Narratives of Nursing Home Care*. The University of Chicago Press, 1992.

铺床、喂食以及清洗被排泄物污染的床单。在从事这些护理一线的日常工作时,戴蒙德对养老院机构体系的组成部分,以及导致住院老人正常生活质量难以得到真正改善的结构性因素,有了清晰的认知。十年之后,戴蒙德在这本题为"点灰成金"的专著中将美国长期照护制度的日常现实问题做了精确描述。

在启动项目研究之前,戴蒙德作为一名医学社会学的教研人员已经对美国健康护理组织进行了十多年的研究。他之所以要研究养老机构,主要基于两大动因,首先是他有一种要了解养老院"内情"(到底发生了什么)的冲动,其次是女权主义理论对他的影响。戴蒙德通过官方统计了解到少数族裔妇女占了美国健康护理员的绝大多数。受女权主义理论学者多罗茜·史密斯(Dorothy Smith)的启发,戴蒙德认为可以通过观察普通女性员工在日常世界中的表现来管窥行政官僚组织和社会运转。史密斯提醒研究者:日常生活与行政官僚人员的说法之间总有着显著的差别。这一洞见为戴蒙德的研究提供了框架。

作者戴蒙德针对养老院的产业化和企业化趋势,在书的结语中尖锐地指出:美国人口的"灰色"对于某些人来说是确信无疑的机会,而养老院产业如何充分利用这一剥削机会才是真正值得重视的问题。言下之意,戴蒙德认为:美国的老年护理在实践中与社会责任渐行渐远,成为一个以劳动力、管理和利润为标准、对年老体弱的个体照护进行区分的产业。在与包括行政人员、培训人员、住院老人和护工交谈的基础上,戴蒙德以敏锐的笔触对护工角色进行了准确恰当的描述,由此而生成的是对美国养老院的组织结构和护理质量的第一手记录。

在这一引人入胜的叙事文本中,作者毫不掩饰他对养老院护理人员和住院老人感同身受的同情，以及他针对养老院院方所推行的预算控制和利润至上经营模式的批评。戴蒙德试图让读者相信养老院护理的医学模式机械死板，在实践中很容易沦为一部被肆意操纵的赚钱机器。事实上，护理人员和住院老人比院长、经理和行政官僚更懂得养老企业的问题在哪里，并且对如何清除制度性积弊有着自己的见解。在养老院这个长期照护的现实微观世界里，少数族裔的女性护工不仅是戴蒙德的同事，更是他的启蒙老师。戴蒙德认为这些护工不仅需要获得与她们技能和劳动相匹配的酬劳，而且还需要有获得人性化的待遇和参与照护方案讨论、选择的权利。显然，戴蒙德无意将《点灰成金》写成一本中规中矩的城市社会学民族志，他的真实意图是为美国健康照护制度改革发出来自学者的一声呐喊。

美国人通常不会排斥在养老院度过余生的可能性，但对于养老机构的实际生活情形多半一无所知。在《护理困境》一书的作者芳娜看来，除非目前的养老业趋势有所改变，美国人都将在一个"韦伯式的铁笼"（Weberian iron cage）内终老谢世。人们有理由把未来的养老院想象成为一个完全为职业人士所掌控的官僚迷宫。

芳娜认为，"养老院的故事其实就是护工和入住者及其生活世界的故事"①。以护工的日常工作为田野研究的焦点，作者力图将女权主义理论和"打工人类学"（the anthropology of work）的关切在这部机构民族志作品中加以有机融合。作者的研究发现源自她以志愿者身份在位于纽约市的新月养老院（化名）所做的为期 8 个月的田野观察和访谈。在这家有 200 个床位的非营利机构进行"参与式观察"，意味着作者得干各种杂活，她端送咖啡，铺床，帮助住院老人进食（即

---

① Foner, Nancy. *The Caregiving Dilemma: Work in an American Nursing Home*. University of California Press, 1994. p.vii.

喂饭),整理储物柜并且推送轮椅老人参加各类活动。由此,她的观察范围得以扩至所有楼层。她与护工一起用餐、工间歇息,并参加入住老人和家属委员会举行的会议。在田野观察期间,她在养老机构内外总共进行了 14 次正式访谈和 20 次非正式访谈。除此之外,她还与养老院的行政人员和入住老人家属进行了交谈。

作者芳娜回顾了美国老龄化的人口化趋势、养老机构在护理序列中的地位以及近年来公共政策对医院和养老机构的影响。在这一语境中,作者开始将笔触指向新月养老院,着重描述了这一机构内的护工、护工背景、专业训练和日常工作特点。此后的五章围绕各种压力、限制对于护工的影响而展开。针对护工的压力源自老人、官僚层、护工监理、护工家属和老人家属、同事以及她们自己构建的"打工文化"(work culture),每一章都着眼于护工在日常工作不得不面临的护理困境。作者在书的最后一章对养老院工作的矛盾、策略和愉悦感进行了总结,同时对提高充满同情心的护理质量以及加强护理自主性提出了自己的建议和看法。

护理工作在全世界的任何地方都具有独特性。在新月养老院,少数族裔护工是日常照护老年人的核心力量。与美国其他机构相似的是,养老院内入住者和工作人员之间的种族和族裔界限分明。一般来说,绝大多数的入住老人是白人,而护理人员则以黑人和西语拉美移民为主。种族差异"更加强化了养老院内部不同群体间早已存在的分化趋势"[1]。更重要的是,护工本身构成一个以女性为主的世界:女性护工、女性护工监理,就连养老院里的女性住院者在人数上也大大多于男性。护工这一地位卑微的群体与入住的富有老人之间

---

[1]　Foner, Nancy. *The Caregiving Dilemma: Work in an American Nursing Home*. University of California Press, 1994. p.149.

的摩擦和互动,是该书民族志描述的一大亮点。

有意思的是,作者将护工和其他国际移民(作者一贯的关注对象)的打工策略作了比较。与在零售业打拼的普通店员不同,护工在养老院有着难以言说的苦痛。这是因为她们必须在不同的空间快速地完成任务(用 21 世纪的时髦话来说,要有"多任务处理"[multi-tasking]的能耐)。零售店的伙计可以磨洋工,但护工得在不"宠坏"老人们的前提下完成工作量。同时护工得坚守自己的"地盘",不出卖同伴,团结一致对付管理方。护工为了维护自主性采用各种策略,使自己能忍受规则的不合理性,与傲慢专横的护士相安无事地相处,并且在日常工作中注入欢乐的元素;同时,她们还必须对有特殊需求的衰弱老人给予特殊的护理关注。要做到两全其美,几乎是不可能的。因而,她们所面临的最为严重的困境就是要在与管理层抗争和避免对老人照护产生负面效应之间加以平衡和斟酌。护工们的另一挑战就是如何在保证效率的情况下提供优质照护服务。在绩效文化下,手脚麻利的护工得到褒奖,而那些愿意花更多时间在住院老人身上的护工则会因完不成任务而受罚。

对于作者芳娜来说,护工是极为复杂、具有丰富情感的个体。绝大多数人与其照护对象建立了一种依附性的关系。然而,被照护者与照护者的利益却又是互为对立的。一旦有冲突发生,管理方几乎一面倒地维护客户(住院者)的权利和诉求。与此同时,作者本人作为夹在养老院管理方和护工之间的特殊"外人",常常会觉得自己的忠诚度受到严酷田野现实的考验,不时陷入伦理的困境。

在非西方社会这一传统上受到人类学者凝视的"异域",老年人通常是最为可靠的田野资料来源。然而,当人类学者开始将目光投向自己所处的社会环境时,却失望地发现养老院这一老年人聚集的场所,基本上是田野研究者的禁区。成书于多年之前的《护理困境》对于普通读者认识养老院所在的生活世界,对于健康照护领域的学生、学者以及相关政策制定者的研究和实务实践而言,具有显而易见的借鉴意义。

老年护理专业化和机构化的挑战：
以《爱的劳动》和《老年新时代》为例

医务科研人员从观察家、护理者和服务对象的角度出发,对老年护理领域的过度专业化和制度化现象进行批评并提出改进方案,已经成为一种强大趋势。两位医学领域资深人士凯恩和威斯特结合自身遭遇和体验写成了《不该是这样：长期护理的失败》。[①] 马科特和克瑞恩以医疗专家和失智配偶照料者双重身份编撰了《老年失智失能照护者分享故事》,试图表露和反映照料支持组织成员的肺腑心声。[②]

社会学家杰森·罗德里格斯在 13 个月田野研究的基础上所著的《爱的劳动：养老院和照护工作的结构》,从养老院的日常运作入手,纳入了政府官员、养老院管理者、老人、护工的多元声音,以极具批判性的视角向我们展示了养老院官僚化和以金钱为中心的运作模式:[③]养老院为了获得更多的利润,节约成本,想尽办法从政府获取更

---

① 参见 Kane, Robert L., and Joan C. West. *It Shouldn't Be This Way: The Failure of Long-Term Care*. Vanderbilt University Press, 2005。
② 参见 Markut, Lynda A., and Anatole Crane. *Dementia Caregivers Share Their Stories: A Support Group in a Book*. Vanderbilt University Press, 2005。
③ 参见 Rodriquez, Jason. *Labors of love: Nursing Homes and the Structures of Care Work*. NYU Press, 2014。

多的补贴,养老院的管理者用这一套逻辑来限制和规定护工的照护工作,使得养老院的运行官僚化。政府机构则利用一系列指标来评估养老机构,养老机构为了应对评估,需要分条记录照护过程,以形成供政府检查的文件,由此导致了养老院强调可被记录的碎片化的照护,而忽视了那些无法被记录的、情感性的照护。这与照护是一个完整的过程相悖。这些结构性的因素让"高质量的照护"变得遥不可及。与此同时,护工对这些结构性因素颇为不满,而且护工的工作非常辛苦,工资和地位不高,福利条件较差,几乎没有晋升的通道。在这种情况下,护工利用修辞策略,即认为照护工作可以带给自己情感满足,以此创造意义感,让工作变得可以接受。有研究者[1]认为组织者或管理者控制劳动者的情感,形成劳动剥削,但是杰森认为护工自身利用情感的修辞策略,以获得工作的尊严和意义感。

《爱的劳动》所具有的反思性和洞察性,让其意义不再局限于该田野研究所在的美国,对中国如火如荼发展的养老院也有警示作用。沈燕在博士论文中记录了上海一家养老院护工为了应付民政局检查,不得不按照政府部门所发布的《养老机构服务质量监测指标》中的操作流程来喂食,但是效果并没有护工平时"不规范"的操作好。[2]显然,民政局是为了更好地管理养老机构出台了一系列服务质量监测指标及奖惩措施,但是这些措施往往将照护碎片化、程式化,将老人他者化,而忽略了老人真正的内心诉求。老人和护工需要建立的

---

[1] 如 Hochschild, Arlie Russell. *The Managed Heart*. University of California Press, 2012。

[2] 参见沈燕:《我们如何老去:老年生活的意义构建——以上海市 D 养老院为例》,华东师范大学博士学位论文,2020 年,第 84—90 页。

联结,这才是高质量的照护应该追求的。[1]

如果说《爱的劳动》向我们展示了养老院经营所存在的结构化困境,《华盛顿邮报》健康专栏撰稿人贝克所撰写的《老年新时代:养老院转型的承诺》则通过记录美国养老院为顺应时代而做的变革,探索面对结构化困境时可能的解决方案。[2] 通过亲自走访北美各地的养老护理机构,贝克以传媒人士专业、敏锐的触角和流畅的文笔,记录了正在悄然发生的制度性变革以及老人们对此的困惑。在书中,贝克毫不留情地指出:美国文化将老年视作一种应该预防和控制的疾病,而不是一个值得礼赞的人生阶段。作为这种文化的衍生产品,养老机构不可避免地成了老人万不得已选择的归宿和病残者的聚集地。作为反思和改造这种文化的前提,养老院所必须将以追求"效率"为导向的现行模式转变为以老人为中心的模式。一些锐意创新的先行者正在以重新出发的勇气,对包括楼层设置、服务流程、活动安排、订餐菜单、态度作风和规章制度进行里里外外的结构性变革。它们正是贝克竭力推崇的转型样本。

贝克在书中记述了转型后养老机构的可喜变化。首先是老人能自尊、自得和有目的地度过每一天,对自己的生活安排有发言权,而且喜欢所处的环境,感觉与居家无异。其次是老人们从与护工的亲近关系中得到慰藉,同时也使得护工意识到自己工作的意义和价值。更令人惊奇的是,生活质量的提高并不以高投入和高收费为代价。在一些成功转型的养老机构,许多服务对象属于低收入群体。地处

---

[1] 关于何为好的和高质量照护的探讨,参见凯博文对照顾他患有阿尔茨海默病的太太的记录:《照护:哈佛医师和阿尔茨海默病妻子的十年》,姚灏译,中信出版社2020年版。

[2] Baker, Beth. *Old Age in a New Age: The Promise of Transformative Nursing Homes*. Vanderbilt University Press,2007.

不同区域的养老场所都有共同价值信条的坚守,即尊重个人选择、雇员的赋权意识以及凝聚老人、护工、老人家属和义工的强烈的社区归属感,以家园模式替代医院模式为设计参照理念,给亡故辞世的老人以得体的送别礼仪等。

通过讲述转型后的养老机构如何帮助老年善度时日的故事,贝克对自己的发现进行汇总。首先是好的照护可以低成本获得;其次是护工是被尊重的工作伙伴,而不是高流转产业大军中的一个可以替换的空位;在老人的眼里,片面追求高效率的星级员工,比不上手脚缓慢但和蔼可亲的护理员;儿童、宠物和园艺都可以成为日常生活的组成部分;在家园式的环境中一些老年常见病如失智等症状会得到缓解。

得到贝克褒扬和青睐的这些老人家园是否真正会成为全美国养老产业的样板,还是少数幸运者的家园,正在成为"银发一族"不得不面临的问题。如何摆脱专业化、产业化和机构化对于养老研究视野的束缚,将老年护理置于人文维度之中;如何从观察家、护理者和服务对象的多重角度出发,对老年护理领域的过度专业化和制度化现象进行批评并提出改进方案,贝克在本书中对这些困扰学者的议题,以一个个案例为基础,展示出自己的解决思路和建议。当然,贝克此书所服务的读者群体主要是学界外养老院机构的专业服务和行政人员、政府和医疗部门的决策人士以及部分有需求的老年人。

《老年新时代》是一部兼具民族志和报告文学风格的跨界专著。对于中国老龄化和护理研究者来说,贝克所考察的这些成功转型的家园式养老机构,对协调家庭养老、社区养老和机构养老并寻找出适合国情的可行的养老模式,不失为可以进行比较和参考的样本。

诉说老年的心声：以《笑度残生》和《不老的自我》为例

麦厄霍夫是一位善于让民族志来记述老者人生故事的知名人类学者。自1972年起，她在美国加州威尼斯市的一个犹太老年中心从事田野研究，核心议题是仪式实践和信仰生活。麦厄霍夫于1978年完成出版的《笑度残生》是她在反思民族志、故事叙述和社会理想表达等方面取得的标志性成果，也是一部在认识论和方法论方面具有高度独创性的专著。[①] 在《笑度残生》出版的前一年，她与导演李特曼合作，在艾利亚老年中心实地拍摄了同名民族志电影，并且获得了奥斯卡最佳短片奖。由于篇幅和媒介所限，影片展现的是老人们积极向上的风貌，隐去了老年中心日常冲突的复杂一面。麦厄霍夫将这部影片看作一份回馈赠礼，报答中心那些热心老人对她的研究所给予的帮助。同时，她利用奥斯卡获奖者的名人身份，继续实现自己的社会理想，试图通过研究来引起政府和社会关注老人贫病孤独境遇的关注。

麦厄霍夫的外祖母是一位讲故事的好手。她告诉麦厄霍夫：只要你认真观察，你会发现每个人都会有有趣的故事。可以说麦厄霍夫从童年时代得到的这一真传，多年后在艾利亚老年中心的实地研究中派上了用处。麦厄霍夫在那里遇到的老人，虽然身体虚弱得力不能支，但还是通过讲故事来表达自己对于生活的热爱和与他人的友谊，并由此创造出一个使自己有存在感的世界。而讲故事正是她

---

① Myerhoff, Barbara. *Number Our Days*. Touchstone，1978.

外祖母在老年阶段最重要的社交手段。

在艾利亚老年中心，麦厄霍夫所接触到的许多老人是纳粹大屠杀的幸存者，独自居住在附近的公寓。这些老人在移民美国之后经过艰苦奋斗，养家活口，终于使后代得以进入主流社会，而他（她）们自己却逐渐被忘却和冷落。在麦厄霍夫看来，她记录下的一个个故事里辐射出的是老年文化具有的一种力量，使人能够面对日常生活的困窘和无奈，如：贫困、冷落、遗弃、漠视、病痛、孤独、无家可归和各种危险。这些故事有趣生动并且充满人生哲理，让读者领悟到仪式的重要、衰老的苦痛和精神的不屈。对于麦厄霍夫来说，在老年中心的那些老人们富有创意的仪式实践使他（她）们得以保持原有生活方式的延续，同时让人们注意到这个被社会遗忘的角落。

这部老年民族志除了故事讲述这一鲜明特色之外，麦厄霍夫在老年中心对于田野研究聚焦点的选择也充分展示了她的过人之处。由于麦厄霍夫自己的犹太裔背景以及出色的人际沟通才能（尤其是善于倾听故事的习惯）使她顺利地进入老人的生活世界，很快与他（她）打成一片。在中心的 300 名成员中，与她熟识的就有 80 人，其中的 36 人是她固定的知情人和报道人。她到访过每个人的住所，带他们去看病、找社工办事、购物、参加葬礼、访问住在养老院和医院里的故友。[1] 在获得大量鲜活资料的同时，也产生了困惑：如何让自己有一个相对固定的聚焦点，以便日常田野工作的运行。几经周折，她选取老年中心外位于海滩步道旁的一排座椅，作为她观察社会互动以及文化景致的聚焦点。对于中心不同性别老人"座椅行为"的描述，使得麦厄霍夫得以体味老年中心社区的内在活力。座椅在协助

---

[1] Myerhoff, Barbara. *Number Our Days*. Touchstone, 1978. pp.28 – 29.

麦厄霍夫聆听并记录老人故事的同时,也为她反思和回忆自身经历提供了空间。[1]

如何将人类学猎奇的凝视目光转向自我和自己熟视无睹的后院邻舍,如何让民族志讲述有意义的老年人生故事,麦厄霍夫用不同媒介的文本提供了值得效仿的准则。值得一提的是,麦厄霍夫的初始研究课题源自美国国家科学基金会老年学科目的人类学部分。她的原定主题是:作为职业生涯的老龄化,对于老年人持续性的关注,老龄化过程中的性别显著差异性。显然,叙事民族志《笑度残生》这一最终成果所具有的人文意义,使其超出了预先设定的研究目标。对于在特定田野场景中(如社区老年活动中心)中从事老龄化研究和护理研究的人员来说,此书在方法论和视角方面具有不可替代的示范作用。

《不老的自我:晚年生活的意义来源》[2]一书是旧金山加州大学(UCSF)资深医学人类学家考夫曼在其博士论文的基础上修改而成的。在书中,考夫曼通过丰富的案例呈现,聚焦老年群体对于自身生活体验的审视和探讨,进而探讨在当今美国作为一名老人的意义所在,在很大程度上弥补了老龄学相关研究文献的不足与缺陷。正如本书副标题所示,作者关注的重点是生命周期的延续性,即老年人是如何通过联结和整合他(她)贯穿一生的体验来建立其自我身份感。岁月沧桑的确给老人带来了生理和社会方面的变化。对于接受作者访谈的那些老人来说,老年体弱这一"自然规律"本身并不能成为有意义的身份建构。老年人的身份感源自他(她)们对自己整个人生的反思和评判的复杂过程。

---

① Myerhoff, Barbara. *Number Our Days*. Touchstone, 1978. pp.4 – 5.
② Kaufman, Sharon R. *The Ageless Self: Sources of Meaning in Late Life*. University of Wisconsin Press, 1986.

作者对老年身份认同的探讨主要是基于她与 60 名 70 岁以上加州城市居民(白人)所进行的田野访谈,受访对象心智活跃而且处于良好的健康状态。作者与这一群体中的 15 名老人进行了深度访谈和交流,其中六位讲述的人生故事(life stories)成为这部民族志的一个聚焦点。在书中,作者围绕老人"身份认同的构造组件"这一主题展开分析。当老人进行人生叙事时,他们会构想出某一主题,或者用"象征性的力量来呈现出某种意义的认知区域"①。表达的主题都是与某一个体特定的情形相吻合。老人的讲述还"特别定义了一个持续不断的具有创造性的自我"②,这也正是作者在书中反复强调的一个观点。处在老年期的人们并不是在突然之间就会有一系列的叙事主题(这与许多研究者的预想完全不同);相反,是诸如他们生活遭遇中对财务安全或自我决定的需求这类"主题"使他们渐渐有了对自我的认识和表述。正是这种主题的延伸性和持续性促使作者关注到"不老的身份认同"和"不老的感知"。所谓持续性是指叙事主题不是处在固定不变的近乎静止的状态(这恰恰是定量问卷难以避免的数据呈现结果)。作者认为,老年人是在变化需求中积极地寻找持续性,"他们在新的语境中通过调适来构想出现有的主题,故而一种熟悉的和统一的自我感知在老年阶段得以完美地呈现出来"③。书中三个老年人生故事的陈述充分展示了个体身份认同和体验的独特性。作者基于观察,指出这些故事的主题是文化和社会的产物,属于特定的年

① Kaufman, Sharon R. *The Ageless Self: Sources of Meaning in Late Life*. University of Wisconsin Press, 1986. p.25.
② Kaufman, Sharon R. *The Ageless Self: Sources of Meaning in Late Life*. University of Wisconsin Press, 1986. p.149.
③ Kaufman, Sharon R. *The Ageless Self: Sources of Meaning in Late Life*. University of Wisconsin Press, 1986. p.152.

龄段,并且为当事人在美国特定历史阶段成长的经历所塑造。在第三章中,作者阐明:诸如友谊和家庭纽带、社会经济身份、教育和职业工作背景等结构性因素就是她所收集的老年人生故事的意义之源。这些结构性因素为理解老人如何做出选择和对人生际遇的反应提供了必要的语境。第四章着重探讨诸如成就感、产出能力(productivity)和独立等价值观如何成为故事主题的基础。

作者对于长年坚守的价值观在老年阶段如何被"容纳"和适应的分析,是本书的一大亮点。老年学学者通常认为,美国老年人在面临文化断裂时会紧紧抓住早已不合时宜和无法实现的价值观,牢牢不放;而作者却强调老年人价值观的持续性及其高度的调适性。正如书中的三个案例所示,老人们尤为擅长"在当下情境中重新解读其人生体验,使其具有新的意义"[1]。该书的最后一章题为"不老的自我",作者整合个体一生体验的叙事主题使老人能以坦然的态度对待自己人生的实际遭遇与(美国)文化对人生规划的(理想化)期待之间的落差。

尽管《不老的自我》出版于30多年前,对于当今从事跨学科老龄化定性研究的学者来说,这部民族志作品仍有诸多值得关注和效仿之处。下列三点尤为值得我们重视:首先是如何克服老年学研究中普遍存在的老人"失声"的缺陷和不足,以丰富的田野资料弥补僵化的统计数据。其次是如何在研究中关注"老年"个体的整个生命周期,而不是局限在"年老体衰"的迟暮时段;将老年视作动态的人生,而非夕阳西下的瞬间。最后,作者精心裁剪的访谈材料和讲述"老年故事"的技巧,使全书在文本呈现方面比一般"定性研究"作品更为自然和流畅。

---

① Kaufman, Sharon R. *The Ageless Self: Sources of Meaning in Late Life.* University of Wisconsin Press, 1986. p.127.

孝道之末：如何直面当代东亚社会
老龄化进程中的道德危机

以中国儒家文化为思想核心的东亚社会,曾被国际学界视作一个老有所养、孝道盛行的人类理想世界。然而东亚社会近三四十年间在人口、家庭组织和社会福利方面正在经历的剧烈转型,使得作为文化理念的孝道与具体的老年护理实践之间产生了难以调和的矛盾。著名都市人类学家、中国老年问题专家艾秀慈于 2004 年适时推出的《孝道:当代东亚社会的实践与话语研究》一书,体现了迄今为止亚洲问题学者对"孝顺"所做的实证研究的高度专业水准。[1] 艾秀慈等学者在研究中采用通过田野实地考察和亲身体验来获取第一手数据的方法,对以中国为代表的东亚社会现代化进程中人口结构转型所带来的地方性变革与孝顺理念之间的张力,进行了深入细致的描述和讨论。这一研究手段显然与以往那种沉溺于书斋对孝顺课题进行文本考证的做法大相径庭。恰恰是这种将存在于个人和集体层面的历史记忆、权力结构和特定地方、场域有机联结的研究途径,能使学界内外所有关注不同历史和文化语境中孝顺问题的人士得到完全不同于精英大师们的注解,而且在最大程度上反映普通民众心声和思维模式的鲜活话语和经验。

艾秀慈等学者的跨学科视角研究揭示出一个令人不安的社会事实:早在 20 世纪 90 年代,孝顺这一令中国人无比珍视的传统正在日常照护实践中被不断削弱和抛弃。来自辽宁、山东、甘肃和湖北的民

---

[1] 参见 Ikels, Charlotte. *Filial Piety: Practice and Discourse in Contemporary East Asia*. Stanford University Press, 2004。

族志案例表明：二十多年来计划生育政策和农村家庭承包责任制的实施给地方社会带来了一系列决策者难以预料的变化。以夫妻双方和孩子构成的核心家庭已经开始取代传统的多代同堂的扩大型家庭，成为农业劳动和生产的基本组织单位。由此带来的婚后居住模式的改变，使"轮养"或"吃轮饭"成为新形势下被中国农村不同地区的人们逐渐接受的一种或多或少体现孝顺原则的养老模式。同时，作为老人在儿子家中轮流吃住方式的补充，女儿婚嫁之后在赡养父母的过程中也扮演同等重要的角色。而农村中不愿接受"轮养"，成为被动的孝敬对象，并且决意自食其力和单独居住的老人，也大有人在。根据笔者和同事们2006年在安徽一些民工流出地区的研究和观察，由于劳动力的大量外出，"轮养"模式难以为继，而田头村间依稀可见的茅舍陋屋是独居老人不得已的栖身之地。目睹此景不禁令人怀念"老有所依"的美好时光。

在《孝道》的第六章，通过对大陆和台湾的两组调查数据比对分析，哈佛大学社会学家怀默霆（Martin King Whyte）对于现代性和孝顺传统的关系，作了精到解释。怀默霆认为大陆和台湾地区在养老制度和孝道践行的模式上有着明显差异，进而指出工业化在这两个地区所引起的快速和深远的变化未必会在实践中削弱孝顺的传统。例如，生活在现代化和城市化程度更高的台湾地区的老人，比照他们在大陆的同年龄组的人群，更倾向于依赖传统的"养儿防老"模式。他强调该研究尤其要注意不同社会和经济发展轨迹对于塑造具有地方特色的孝顺模式的作用。

结　语

进入21世纪，随着我国人口进入高速和深度老龄化的阶段，关于老年学的理论和实务研究也越来越受到国内学者们的重视。很多专家学者在西方经验研究的基础上发展性地阐述了老年学领域研究的理论框架,在发展长期照顾、居家养老、老年医学、老年社会保障政策等实证研究和理论政策研究的同时,开始探索积极老龄化(active aging)范畴的研究。例如探索现代化过程中老年人社会角色的转变,老年人对生活福祉(well-being)和生活满意度(life satisfaction)以及生活质量(quality of life)衡量标准的发展变化,力求达到理论与实证的结合,同时对医学人文的视角和研究方法的多元化提出了更高的要求。

　　如本文民族志案例评析所示,老年护理实践研究的关注点必须着力阐释和解析"社会事实"背后所揭示的道德和伦理的多重含义,以期获得植根于日常生活的洞见和灵感。哈佛大学亚洲中心主任、著名医学人类学家凯博文于 2010 年 3 月在复旦大学所做的"人类学视野下的关怀护理"演讲①中有这样一段话:无论是在后工业化高度发达的欧美社会,还是在经济飞速发展而"未老先富"的中国城市,对于老年群体的护理的学术研究仍然存在着下列亟待弥补的不足之处:(1)对于关怀护理(care-giving)的现象学研究;(2)对于家庭和社会网络的田野观察和分析;(3)对于关怀护理的道德意义的进一步解析;(4)对于老人护理实践动力的跨文化比较;(5)面向决策的咨询服务。凯博文富有前瞻性的见解,为如何研究考察地方道德世界的老年护理实践,综合运用医学和社会科学的视角和手段,丰富这一研究议题的人文内涵,提供了不容忽视的价值导向、田野路径和立论基准点。

---

①　参见本书第十二讲。

第三讲 中国城市家庭母系祖母参与育儿的兴起[①]

张聪　冯文(Vanessa. L. Fong)

吉川裕和(Hirokazu Yoshikawa)

尼奥贝·韦(Niobe Way)　陈欣银　陆祖宏

　　在大多数西方社会中,母系祖父母比父系祖父母更多地参与了代际抚养;[②]而在中国传统社会里,祖父母几乎只给儿子而非女儿的孩子提供育儿支持,这和在中国流行了几千年的父系制文化模式有关。在父系亲属关系系统中,父母—儿子的关系是代际交往的中心(例如家庭财产的继承、养老、血统延续和祭祖)。男性血统制、从夫居的婚姻模式和性别化的孝道实践都强化了沿着父系世代相传的代际支持。[③] 相比之下,女儿通常在婚后从原生家庭中分离出来,并归于其丈夫的世系,正如俗语所言,"嫁出去的女儿,泼出去的水"。因此,照顾孙辈被视为父系祖父母的责任,而非母系祖父母的责任。母

---

① 本文以英文初刊于 *Journal of Marriage and Family*(vol.81, no.5, 2019),题为"The rise of maternal grandmother child care in urban Chinese families",此为修订版,文字有所增删。

② Ferguson, Neil, et al. *Grandparenting in Divorced Families*. Policy Press, 2004; Harper, S., Smith, et al. *Grandmother Care in Lone Parent Families*. Oxford Institute of Ageing, 2004.

③ Murphy, Rachel, Ran Tao, and Xi Lu. Son preference in rural China: Patrilineal families and socioeconomic change. *Population and Development Review* 37.4 (2011), pp.665-690; Peng, Yusheng. When formal laws and informal norms collide: Lineage networks versus birth control policy in China. *American Journal of Sociology* 116.3 (2010), pp.770-805; Whyte, Martin King. Revolutionary social change and patrilocal residence in China. *Ethnology* 18.3 (1979), pp.211-227.

系祖父母与其女儿的孩子的关系的疏远,也反映在孩子对他们的称呼之上:外祖父和外祖母。

　　然而,在当代中国,与前几代人相比,母系祖母已经更多地参与了育儿。[1] 中国社会科学院 2008 年通过对中国五个城市(广州、杭州、郑州、兰州和哈尔滨)的调查,揭示了广泛存在的双边祖父母育儿模式,被调查的家庭中有 48.3% 是父系祖父母育儿,而 53.2% 的家庭是母系祖父母育儿。[2] 类似趋势甚至也出现在了传统的父系文化尤为牢固的中国农村地区。[3] 例如,张卫国(2009)发现,在河北农村,母系祖母参与育儿的比例从 20 世纪 80 年代的十分之一增长到 21 世纪初期的近三分之一。中国媒体(例如 2018 年《江南晚报》)用一句新谚语描述了这种新模式:"妈妈生,外婆养,爷爷奶奶来观赏。"在中国,母系祖母育儿显然已经成为一种日益盛行的趋势,然而过往数据的缺失使得增长的程度难以确定。

　　在这项研究中,我们考察了中国父母让母系祖母参与育儿的动机,以便更好地理解中国城市家庭母系祖母参与育儿的比例为何增长。目前的文献通常认为,母系祖父母参与育儿是在父系祖父母不

① Chen, Feinian, Guangya Liu, and Christine A. Mair. Intergenerational ties in context: Grandparents caring for grandchildren in China. *Social Forces* 90.2 (2011), pp.571 - 594; Chen, Feinian, Susan E. Short, and Barbara Entwisle. The impact of grandparental proximity on maternal childcare in China. *Population Research and Policy Review* 19.6 (2000), pp.571 - 590; Goh, Esther. *China's One-child Policy and Multiple Caregiving: Raising Little Suns in Xiamen*. Routledge, 2011.

② 马春华、石金群、李银河、王震宇、唐灿:《中国城市家庭变迁的趋势和最新发现》,《社会学研究》2011 年第 2 期,第 182 - 216,246 页。

③ Xu, Ling, and Iris Chi. Determinants of support exchange between grandparents and grandchildren in rural China: The roles of grandparent caregiving, patrilineal heritage, and emotional bonds. *Journal of Family Issues* 39.3 (2018), pp.579 - 601; Zhang, Weiguo. "A married out daughter is like spilt water"? Women's increasing contacts and enhanced ties with their natal families in post-reform rural North China. *Modern China* 35.3 (2009), pp.256 - 283.

能参与育儿时的备用计划。这一预设让以往的研究在设计和分析时往往陷入一种惯常做法,要么聚焦于假定的父系祖父母育儿模式而忽略母系祖父母的育儿参与,要么将母系祖父母与父系祖父母的育儿参与合并。然而,我们认为随着当代中国性别和代际秩序以及育儿标准的变化,育儿模式逐渐变成由双边祖父母参与,甚至是由母系祖父母主导,故而不能再不加反思地设定父系祖父母参与育儿是一种常态。为了更好地理解父系祖父母参与育儿的比例下降,我们借鉴了许多现有的、被广泛用来解释社会亲属制度如何发生变化及其原因的理论。

父系制为何衰落

阿兰·桑顿、托马斯·弗里克和怀默霆认为,国家社会工程是导致家庭结构变化的关键动力。[①] 1949 年以来,中国的社会改革削弱了父系制经济、文化和政治方面的权力。"妇女能顶半边天"口号的提出,将父系制传统看作是封建的,认为其与国家的现代化进程不符,随着女性更多地参与社会政治、经济、文化活动,男性逐渐丧失了控制家庭成员劳动、工作和生活的手段。随之而来的,作为一家之主的男性失去了对家庭财产和劳动力的绝对支配权,由此他们几乎也就不再拥有任何激励措施来维系成员对父系体系的忠诚。此外,禁止包办婚姻,普及学校教育,这增加了年轻人参加父系制之外的社会

[①] Thornton, Arland, and Thomas E. Fricke. Social change and the family: Comparative perspectives from the West, China, and South Asia. *Sociological forum*. Vol. 2. No. 4. Kluwer Academic Publishers, 1987; Whyte, Martin King. Continuity and change in urban Chinese family life. *The China Journal* 53 (2005), pp.9 - 33.

活动以及自由寻找自己婚姻伴侣的机会,从而进一步削弱了父系家长对个人选择的影响。

　　家庭规模的缩小进一步阻碍了基于世系的家庭制度及其控制力的维系。在1970年代开始实行计划生育政策之前,一夫多妻制和"娃娃婚"的废除,以及国家对女性受教育的推动,已经开始导致生育率下降。[1] 从1970年代末开始的计划生育运动使家庭规模迅速且大范围地缩小,创造了兄弟姐妹较少或没有兄弟姐妹的一代,也使父系家族关系未能进一步延伸。生育率的下降意味着女性花费在生育、育儿上的时间和精力更少,从而有更多的时间用于追求高等教育和职业发展。受过较高教育和更有赚钱能力的女性也更有动机去追求事业而非生养众多孩子。[2] 这些因素共同降低了生育率并弱化了家庭的延伸性,从而影响了父系制体系延续。

　　自1978年改革开放以来,中国经济的飞速发展改变了夫妻关系,也为个人主义的兴起提供了良好条件。[3] 罗恩·列思泰赫推测,物质满足的实现不可避免地会导致人们对个人主义和其他"更高层次需求"的追求,从而降低亲属关系的重要性,并导致低生育率的降低和家庭责任的弱化。[4] 在威廉·古德提出的经典现代化理论框架中,社会的经济发展和现代化作为主要力量促进核心家庭的

---

[1] Chen, Xiangming. The one-child population policy, modernization, and the extended Chinese family. *Journal of Marriage and the Family* (1985), pp.193 – 202.

[2] Fong, Vanessa L. China's one-child policy and the empowerment of urban daughters. *American Anthropologist* 104.4 (2002), pp.1098 – 1109.

[3] Santos, Henri C., Michael EW Varnum, and Igor Grossmann. Global increases in individualism. *Psychological science* 28.9 (2017), pp.1228 – 1239; Whyte, Martin King. Continuity and change in urban Chinese family life. *The China Journal* 53 (2005), pp.9 – 33.

[4] Lesthaeghe, Ron. The unfolding story of the second demographic transition. *Population and Development Review* 36.2 (2010), pp.211 – 251.

形成,这种家庭以强调夫妻关系及其与亲属之间的独立性为特征。[1] 尽管核心家庭的确已经成为中国城市里最主要的家庭模式,[2]但中国的家庭类型与预想的核心家庭模式相比,展现出更大的异质性。代际团结与实际问题(例如经济压力,住房短缺)之间的相互作用也使得主干家庭(通常父母和一个已婚子女一起居住)和网络家庭(父母居住在几个成年子女附近)显得相当普遍。[3] 尽管如此,中国的家庭模式仍不同于传统主流的父系联合家庭,后者包括多个已婚儿子及其家庭。较小的家庭规模、更紧密的夫妻关系以及对家庭内部个体的重视已经取代了建立在父系制基础上的集体的,和以世代为中心的、并长期主导中国文化的传统家庭模式。[4]

资源双边交换的出现

中国家庭父系制的衰弱并不一定会削弱代际联系。代与代之间大量的资源和支持的交换、持续的经济上的相互依存和道义上的相互支持,仍然是中国家庭有效应对过去几十年发生的大规模社会和

---

[1] Goode,William J. *World Revolution and Family Patterns*. Free Press,1963.

[2] 马春华、石金群、李银河、王震宇、唐灿:《中国城市家庭变迁的趋势和最新发现》,《社会学研究》2011 年第 2 期,第 182 - 216,246 页;Whyte,Martin King. Continuity and change in urban Chinese family life. *The China Journal* 53 (2005),pp.9 - 33.

[3] Chen,Xiangming. The one-child population policy,modernization,and the extended Chinese family. *Journal of Marriage and the Family* (1985),pp.193 - 202;Whyte, Martin King. Continuity and change in urban Chinese family life. *The China Journal* 53 (2005),pp.9 - 33.

[4] Yan,Yunxiang. *Private Life under Socialism: Love,Intimacy,and Family Change in a Chinese Village,1949 -1999*. Stanford University Press,2003.

经济转型的重要方式。[1] 但是,代际资源交换的结构已经从父系结构转变为双边结构,部分原因是性别对于代际互动的影响减小了,而实用性、便利性和人际互动成为更重要的因素。

多项研究表明,中国双边亲属的往来是年轻夫妻为了最大限度地利用现有资源所采用的功利主义策略。例如,张卫国发现,以往仅基于父系关系的经济合作已扩展到母系亲属,这些合作可以使夫妻创造出比仅仅与父系亲属合作更多的家庭收入。关于选择住在父系父母还是母系父母的家里,也主要基于住房的可用性、面积和质量等实际情况。选择与妻子父母共同生活可能只是因为妻子父母的住所具有更好的条件。[2] 戴慧思认为,中国城市家庭优先考虑实际需求,从而进行弹性的生活安排,其特征是已婚子女在双方父母的住所之间轮流居住,或者甚至与某方父母共同居住。[3]

女性赋权也促进了母系间的支持和交换。中国社会长期以来的

---

[1] Chen, Xiangming. The one-child population policy, modernization, and the extended Chinese family. *Journal of Marriage and the Family* (1985), pp.193 - 202; Chen, Feinian, Guangya Liu, and Christine A. Mair. Intergenerational ties in context: Grandparents caring for grandchildren in China. *Social Forces* 90.2 (2011), pp.571 - 594; Wang, Danning. Intergenerational transmission of family property and family management in urban China. *The China Quarterly* 204 (2010), pp.960 - 979; Whyte, Martin King. The fate of filial obligations in urban China. *The China Journal* 38 (1997), pp.1 - 31; Whyte, Martin King. Continuity and change in urban Chinese family life. *The China Journal* 53 (2005), pp.9 - 33.

[2] Zhang, Weiguo. "A married out daughter is like spilt water"? Women's increasing contacts and enhanced ties with their natal families in post-reform rural North China. *Modern China* 35.3 (2009), pp.256 - 283.

[3] Davis, Deborah S. Urban households: supplicants to a socialist state. In Davis, Deborah, and Stevan Harrell, eds. *Chinese Families in the Post-Mao Era*. Vol. 17. University of California Press, 1993; Davis, Deborah S. Reconfiguring Shanghai households. In Entwisle, Barbara, Gail Henderson, and Gail E. Henderson, eds. *Redrawing Boundaries: Work, Households, and Gender in China* Vol. 25. University of California Press, 2000.

父系团结,至少部分因为女儿无法为父母提供支持。[1] 由于获得有偿工作和教育的机会增多,女性挣钱的能力得到了提高,这为她们能够婚后与父母保持密切联系,并在父母年老时提供经济支持、陪伴和护理提供了必要的条件。[2]

这种趋势不仅使女儿能够与儿子一样对父母尽孝,而且还提高了她们的地位,以及与丈夫和公婆在资源分配方面的议价能力。[3] 议价的能力越强,女性就可以将更多的资源分配给自己的父母,并在影响整个家庭的决策中拥有更多的发言权。施丽红在她的民族志研究中还写到,由于离婚费用上升以及农村女性权力的增强,越来越多的农村男性对其岳父岳母更加孝顺,以此来取悦妻子。[4]

计划生育政策也加强了女性与原生家庭的长期互动,因为独生女从父母那里获得了集中投资,而且还独自肩负着为其父母养老的

---

[1] Fong, Vanessa L. China's one-child policy and the empowerment of urban daughters. *American Anthropologist* 104.4 (2002), pp.1098 – 1109.

[2] Evans, Harriet. *The Subject of Gender: Daughters and Mothers in Urban China*. Rowman & Littlefield Publishers, 2007; Shi, Lihong. "Little quilted vests to warm parents' hearts": Redefining the gendered practice of filial piety in rural North-eastern China. *The China Quarterly* 198 (2009), pp. 348 – 363; Whyte, Martin King. Continuity and change in urban Chinese family life. *The China Journal* 53 (2005), pp. 9 – 33. Zhan, Heying Jenny, and Rhonda JV Montgomery. Gender and elder care in China: The influence of filial piety and structural constraints. *Gender & Society* 17.2 (2003), pp.209 – 229.

[3] Shi, Lihong. "Little quilted vests to warm parents' hearts": Redefining the gendered practice of filial piety in rural North-Eastern China. *The China Quarterly* 198 (2009), pp. 348 – 363; Whyte, Martin King. *China's Revolutions and Inter-Generational Relations*. Center for Chinese Studies, University of Michigan, 2003; Xie, Yu, and Haiyan Zhu. Do sons or daughters give more money to parents in urban China? *Journal of Marriage and Family* 71.1 (2009), pp.174 – 186.

[4] Shi, Lihong. "Little quilted vests to warm parents' hearts": Redefining the gendered practice of filial piety in rural North-eastern China. *The China Quarterly* 198 (2009), pp.348 – 363.

责任。① 戴慧思将独生女的身份与母系纽带的强化联系起来,发现在中国从妻居的案例大部分都是女方是独生女。② 对这一现象的其他研究也发现,没有兄弟的已婚女性比有兄弟的已婚女性更愿意与父母共同居住,也更少会退出这一生活安排。③

代际交换的性别不对称模式

代际交换通常被认为是一个涉及双向转移的互惠过程,但许多关于父系制衰弱的研究主要着眼于从成年子女到父母的向上的资源转移,而较少关注正在变化中的从父母到成年子女资源向下转移的模式,尽管在当代中国该转移模式对于如何定义代际互动的意义更为显著。消费需求的增长,高昂的生活、住房和教育费用,以及工作和家庭责任,让年轻一代渴求上一代的支持,而且这种支持变得越来越必要。④ 怀默霆在保定的调查发现,家务支持的方向已经颠倒了,父母越来越多地为忙碌的成年子女提供家务和育儿方面的帮助,即便他们并不居住在一起。⑤

---

① Deutsch, Francine M. Filial piety, patrilineality, and China's one-child policy. *Journal of Family Issues* 27.3 (2006), pp.366 - 389; Fong, Vanessa L. *Only Hope: Coming of Age Under China's One-Child Policy*. Stanford University Press, 2004.

② Davis-Friedmann, Deborah. *Long Lives: Chinese Elderly and the Communist Revolution* (2nd ed.). Harvard University Press, 1991.

③ Li, Shuzhuo, Marcus W. Feldman, and Nan Li. Cultural transmission of uxorilocal marriage in Lueyang, China. *Journal of Family History* 25. 2 (2000), pp.158 - 177; Efron Pimentel, Ellen, and Jinyun Liu. Exploring nonnormative coresidence in urban China: Living with wives' parents. *Journal of Marriage and Family* 66.3 (2004), pp.821 - 836.

④ Whyte, Martin King. The fate of filial obligations in urban China. *The China Journal* 38 (1997), pp.1 - 31.

⑤ Whyte, Martin King. Continuity and change in urban Chinese family life. *The China Journal* 53 (2005), pp.9 - 33.

在当代中国,年轻一代对上一代支持的需求日益增加,尤其是在育儿方面。[1] 根据中国老龄科学研究中心,三分之二的 6 岁以下城市儿童至少由一名祖父母照料。[2] 在农村地区,由于父母辈的劳动力由农村向城市迁移,超过 2 340 万学龄前儿童留在农村由祖父母照顾。有年幼子女的女性劳动参与率高、不灵活的工作安排、有限的带薪产假、工作稳定性的下降以及育儿设施的短缺,迫使父母不得不向祖父母请求育儿帮助。[3] 另一方面,预期寿命的延长、祖父母健康状况的改善以及相对较早的退休年龄使祖父母可以花更多的时间照顾孙辈。[4]

在向上的支持转移中父系制原则已经削弱,越来越多的已婚女儿与父母同住并提供与兄弟至少一样多的赡养照料可以证实这一点。[5]

---

[1] Chen, Feinian, Guangya Liu, and Christine A. Mair. Intergenerational ties in context: Grandparents caring for grandchildren in China. *Social Forces* 90.2 (2011), pp.571 – 594. Goh, Esther. *China's One-Child Policy and Multiple Caregiving: Raising Little Suns in Xiamen*. Routledge, 2011; Sun, Juanjuan. Chinese older adults taking care of grandchildren: Practices and policies for productive aging. *Ageing International* 38.1 (2013), pp.58 – 70.

[2] China Research Center on Aging. Data analysis of the sampling of survey of the aged population in China. Beijing, China: Biaozhun, 2013. http://edu.people.com.cn/n/2014/0828/c1053 – 25556218.html.

[3] 杜凤莲、董晓媛:《转轨期女性劳动参与和儿童看护选择行为的经验研究:以中国城镇为例》,见董晓媛、沙林主编,《性别平等与中国经济转型:非正规就业与家庭照料》,经济科学出版社 2010 年版。Chen, Feinian, Susan E. Short, and Barbara Entwisle. The impact of grandparental proximity on maternal childcare in China. *Population Research and Policy Review* 19.6 (2000), pp.571 – 590.

[4] Chen, Feinian, Guangya Liu, and Christine A. Mair. Intergenerational ties in context: Grandparents caring for grandchildren in China. *Social forces* 90.2 (2011), pp.571 – 594; Sun, Juanjuan. Chinese older adults taking care of grandchildren: practices and policies for productive aging. *Ageing International* 38.1 (2013), pp.58 – 70.

[5] Shi, Lihong. Little quilted vests to warm parents' hearts: Redefining the gendered practice of filial piety in rural North-Eastern China. *The China Quarterly* 198 (2009), pp.348 – 363; Whyte, Martin King. Continuity and change in urban Chinese family life. *The China Journal* 53 (2005), pp.9 – 33; Xie, Yu, and Haiyan Zhu. Do sons or daughters give more money to parents in urban China? *Journal of Marriage and Family* 71.1 (2009), pp.174 – 186.

尽管如此,数项研究表明,从父母到成年子女的金钱和时间方面的向下转移仍然偏向儿子。[①] 尽管中国法律赋予了女性平等的继承权,但家庭财产(例如住房和家族企业)的继承仍然常常偏向儿子。[②] 这一系列研究表明,父系原则在资源的向下转移仍处于中心地位,由此断言父系传统在代际交换中的重要性正在下降还为时过早。

文化范式中的代沟是关于代际转移的性别不对称模式的一个常见解释。[③] 与掌控资源向上转移的年轻一代相比,决定资源向下转移的上一代对社会文化变迁和现代观念的适应更加缓慢,这导致向下转移的模式比向上转移的模式更加传统,也更偏向于男性。有学者指出,自 1949 年以来,国家为实现男女平等采取了诸多措施,父系制的实践在后几代人的生活中并不突出。例如,生于 1950 年代之前的人比生于 1950 年代到 1960 年代的人生活中父系体系倾向更加明显。[④] 在中国改革开放后和计划生育政策时代出生的人对父系制的

[①] Jiang, Quanbao, Xiaomin Li, and Marcus W. Feldman. Bequest motives of older people in rural China: From the perspective of intergenerational support. *European Journal of Ageing* 12. 2 (2015), pp. 141 – 151; Zhang, Nan, et al. Parental migration, intergenerational obligations and the paradox for left-behind boys in rural China. *Asian Population Studies* 12.1 (2016), pp.68 – 87.

[②] Whyte, Martin King. Revolutionary social change and patrilocal residence in China. *Ethnology* 18.3 (1979), pp.211 – 227; Whyte, Martin King. Continuity and change in urban Chinese family life. *The China Journal* 53 (2005), pp.9 – 33.

[③] Alwin, Duane F., and Ryan J. McCammon. Generations, cohorts, and social change. *Handbook of the Life Course*. Springer, Boston, MA, 2003, pp.23 – 49.

[④] Andors, Phyllis. *The Unfinished Liberation of Chinese Women*, *1949 – 1980*. Indiana University Press, 1983; Caldwell, John Charles. *Theory of Fertility Decline*. Academic Press, 1982; Croll, Elisabeth. *Changing Identities of Chinese Women: Rhetoric, Experience, and Self-Perception in Twentieth-Century China*. Zed Books, 1995; Greenhalgh, Susan. Sexual stratification: The other side of "growth with equity" in east Asia. *Population and Development Review* (1985), pp.265 – 314;(转下页)

维系构成空前的挑战。①

　　事实证明，与前几代人通常为儿子而非女儿保留资源不同，如今独生女的父母对女孩进行大量投资，以增强她们的幸福感，促成她们的成功。② 但挥之不去的问题是：一旦女儿结婚并拥有了自己的孩子，父母如何将资源向下转移给成年的女儿（尤其是独生子女）？ 中国人口结构的变化和经济改革带来了女性权利提高和以孩子为中心的家庭结构的日益增长，在此背景下，从年老的父母向成年子女的向下转移资源的传承模式将如何继续变化？ 为了回答这些问题，我们的研究关注祖父母参与育儿（可以集中展现当代中国资源的向下转移），并探究在此过程中父系体系参与重要程度的变化。我们研究了（1）选择祖母照料孩子时所考虑的因素；（2）与之前的世代相比，如今育儿模式从父系祖父母参与育儿，转变到父系和母系祖父母双方共同参与育儿，甚至转变到由母系祖父母主导育儿，这些因素如何与这一转变发生关联？（3）在塑造这一转变时哪些社会文化变化发挥了作用？

　　（接上页）Jaschok, Maria, and Suzanne Miers, eds. *Women and Chinese Patriarchy: Submission, Servitude, and Escape*. Zed books, 1994; Stacey, Judith. *Patriarchy and Socialist Revolution in China*. University of California Press, 1983; Watson, Rubie S. The named and the nameless: Gender and person in Chinese society. *American Ethnologist* 13.4 (1986), pp. 619 - 631; Wolf, Margery. *The House of Lim: A Study of a Chinese Farm Family*. Prentice Hall, 1968; Wolf, Margery. *Women and the Family in Rural Taiwan*. Stanford University Press, 1972.

① Fong, Vanessa L. *Only Hope: Coming of Age Under China's One-Child Policy*. Stanford University Press, 2004; Zhang, Weiguo. "A married out daughter is like spilt water"? Women's increasing contacts and enhanced ties with their natal families in post-reform rural North China. *Modern China* 35.3 (2009), pp. 256 - 283.

② Fong, Vanessa L. China's one-child policy and the empowerment of urban daughters. *American Anthropologist* 104.4 (2002), pp. 1098 - 1109; Fong, Vanessa L. *Only Hope: Coming of Age Under China's One-Child Policy*. Stanford University Press, 2004.

方　　法

我们在南京展开了纵向的、利用混合研究方法的项目调查，[①]本研究基于这一项目所收集的数据。2006 年，我们从南京一家大医院的新生儿出生名单中随机选择了 440 个作为家庭头胎的婴儿，并按其父母收入水平进行了分类。这些婴儿的家庭具有多元的社会经济背景，大多数父母都完成了高中学业。当他们 14 个月大时，我们从总样本中随机抽取了 81 个子样本（按孩子的性别分类），并对这些家庭进行了半结构访谈。我们总共访谈了这 81 个家庭中的 81 位母亲和 50 位父亲（丈夫和妻子分开接受访谈），每次访谈约为 2 个小时，访谈主题为"育儿安排和养育模式"。

本研究的重点是 81 个受访家庭中的 77 个（他们的孩子分别为38 个女孩和 39 个男孩），这 77 个家庭目前都有祖父母参与育儿（其他 4 个家庭由于祖父母未参与照顾而被排除在外）。在此样本中祖母是主要的照料者，因此我们的分析重点放在了母系和父系祖母上。总体而言，所有 77 个家庭都接受了祖母的育儿服务。除了 3 个家庭以外，其他家庭都有尚在世的母系祖母和父系祖母可供选择。选择母系祖母或父系祖母参与育儿的家庭分布比较均衡，在 77 个家庭中，有 34 个家庭（占 44.2％）是母系祖母参与育儿，25 个家庭（占32.5％）是父系祖母参与育儿，还有 18 个家庭（占 23.4％）双方祖母共同参与育儿。母系祖母照顾孙女的可能性（54.5％）与孙子

---

① won Kim, Sung, et al. Income, work preferences and gender roles among parents of infants in urban China: A mixed method study from Nanjing. *The China Quarterly* 204 (2010), pp.939 – 959.

(45.5%)大致相当,而父系祖母也是如此(男女比例为50%)。这些祖母大多在孩子父母上班时替代父母,或当孩子父母在家时协助他们照看孩子。每周平均参与育儿的小时数显示,母系祖母提供最多的照料(每周69.90个小时),其次是母亲(每周65.76个小时),再次是父系祖母(每周50.09小时),但这些差异没有统计学上的意义。而父亲平均每周照顾孩子的时间要少得多(32.60小时)。

我们询问了孩子父母让母系祖母或者父系祖母参与育儿的原因/动机(由被访父母提供的关于自身和参与育儿的祖母的相关信息见表1)。我们向孩子父母问询了一系列有关其选择哪一方祖父母照料孩子的决定的问题,例如"你如何安排祖父母的育儿参与""主要原因是什么""谁参与了决策?如何决策?为什么这样决策"?并特别关注了他们如何选择参与育儿的祖母。我们还询问了不选择另一方祖母的原因(当一方祖母提供照顾而另一方没有时),以及母系祖母与父系祖母照顾孩子的区别(当双方都参与育儿时)。

表1 来自被访的77个家庭的14个月大的一孩(38个女孩和
39个男孩)的母亲、父亲和祖母的数量及比例(N: number)

变 量	母亲 (N=77)	父亲 (N=77)	母系祖母 (N=75)	父系祖母 (N=76)
平均年龄(岁)	28.8	31.1	56.4	59.5
在职人数(比例)	68(88.3)	77(100)	12(16.2)	14(18.4)
未接受正规教育/小学学历人数(比例)	0(0)	0(0)	16(24.2)	24(36.4)
初中学历人数(比例)	0(0)	0(0)	23(34.9)	24(36.4)
高中学历人数(比例)	6(7.8)	10(13.0)	18(27.3)	12(18.2)

变　量	母亲 (N=77)	父亲 (N=77)	母系祖母 (N=75)	父系祖母 (N=76)
大专及以上学历人数(比例)	71(92.2)	67(87.0)	9(13.6)[1]	6(9.1)[2]
独生子女人数(比例%)	38(49.4)	21(27.3)	—	—
与孙辈同住	—	—	40(53.3)	33(43.4)

注:"—"表示不适用

　　我们使用了内容分析法来分析数据的主题。[3] 在分析中国父母早期育儿决策所考虑的因素时,我们的初始编码借鉴了前人研究的编码(如父母对心理、实践和经济方面做出考虑,从而选择家庭成员或非家庭成员参与育儿)。[4] 其次,在识别和制定主位编码(emic code)时,我们使用了开放式编码法,[5]这些编码归纳自访谈内容,关于孩子父母选择父系祖母或母系祖母参与育儿的偏好和原因(如提供集中的资源、科学育儿的能力、和孩子自由交谈的能力)。最终我们采用了初始编码中的 16 个编码组来编码所有访谈数据。如果某一引语体现了多个编码,则将其归入所有符合的编码之下。在此基础上,具有相同属性的编码被分为以下三类,每类代表孩子父母选择

---

[1]　9 位母系祖母在问卷填写时未填教育程度,故此处的比例计算以填写的 66 位为基数计算。

[2]　同上,此处的比例计算以填写的 66 位为基数计算。

[3]　Corbin, Juliet M., and Anselm Strauss. Grounded theory research: Procedures, canons, and evaluative criteria. *Qualitative sociology* 13.1 (1990), pp.3–21.

[4]　Goh, Esther. *China's One-Child Policy and Multiple Caregiving: Raising Little Suns in Xiamen.* Routledge, 2011; Nyland, Berenice, Chris Nyland, and Elizabeth Ann Maharaj. Early childhood education and care in urban China: The importance of parental choice. *Early Child Development and Care* 179.4 (2009), pp.517–528.

[5]　Corbin, Juliet M., and Anselm Strauss. *Basics of Qualitative Research: Techniques and Procedures for Developing Grounded Theory.* SAGE, 2008.

参与育儿的祖母时所考虑的核心因素：(1) 祖母的可得性；(2) 祖母的资质；(3) 避免代际冲突。在分析这三个类别之间的关系时，我们发现了以下能够解释父系祖父母育儿模式转变的三个中心主题：(1) 代际关系的重新协商；(2) 女性在原生家庭中的赋权；(3) 以孩子为中心的育儿理念。

研 究 发 现

母系祖母育儿的兴起

当被问及会选择父系祖母还是母系祖母帮助育儿时，只有两位孩子父母提到选择父系祖母作为照顾者是因为"他(孩子)是他们(父亲)家的人，就一定要奶奶来带，有这种传统的观念在里面"。其他父母认为他们的选择是基于对家庭和孩子需要的仔细权衡，而不是对父系传统的尊崇。孩子父母在选择时主要会考虑三个因素：(1) 祖母的可得性(谁能带?)；(2) 祖母的资质(谁带得好?)；(3) 希望避免代际冲突(和谁合得来?)。这些因素部分解释了母系祖父母帮助育儿比重上升的原因。当孩子父母关注父系祖母或母系祖母可得性和资质时，双方都有可能被选为孩子的照顾者；当孩子父母关注避免代际冲突时，母系祖母比父系祖母更有可能被选为照顾者，因为相比于父系祖母，母系祖母和孩子父母(通常是母亲)更可能保持和谐的关系。

祖母的可得性

祖母的可得性限制了孩子父母的选择。如果某方祖母离世，显然就不再有让其帮助育儿的选择(本文研究样本中有三个家庭即是这种情况）。孩子父母也讨论了不选择父系祖母或母系祖母帮助育儿的几个原因，如祖母有工作（4 位父系祖母，2 位母系祖母）、健康状况差（8 位父系祖母，2 位母系祖母）、地理距离远（12 位父系祖母，6 位母系祖母）、祖母已有其他育儿委托（5 位父系祖母，4 位母系祖母）。

　　阻碍祖母帮助育儿的一个主要因素是有的祖母并没有生活在南京，而又无法搬到南京与子女同住。值得注意的是，一般认为削弱母系祖母育儿参与的一个因素是母系祖母更有可能和子女距离遥远，但事实上，这一因素并没有削弱母系祖母的育儿参与，因为从夫居在南京不再那么普遍，而且在我们的样本中，跟母系祖父母居住的比例和跟父系祖父母居住的比例基本接近（分别为 55.06％和 58.63％[①]）。孩子父母想培养和保持与他们唯一的孩子的亲密关系，并在孩子的教育中占主导地位，因此强烈反对把孩子送到另一城市的祖母家照顾。正如一位母亲解释道："因为我觉得小孩嘛，在自己身边带比较好一点，上一代的老人观念和思想跟我们年轻人不太一样的。他们思想陈旧，无形中会灌输给宝宝，也可能太溺爱宝宝了，但我们自己不会。而且宝宝迟早会回到你身边，不可能永远让爷爷奶奶带着，总会有回到自己身边的一天。如果他一直都是你带的，你就会对他比较了解一点，就会知道他的性格怎么样，或者其他方面是怎么样的，从而对他做什么改变，也会比较容易去着手一点。不会觉得一旦遇到问题啊，他的状况你都已经完全不了解，无从去（解决）。有的时候宝宝给别人带了以后，会对你不太亲近。"她举了她丈夫的姐姐的例子："我老公和他姐姐是龙凤胎，所以姐姐的孩子是外婆带的，不在父

_____

[①]　有家庭和双方祖父母共同居住，所以两者之和超过了 100％。

母身边。到孩子三四岁回来的时候,就一直不肯叫爸爸妈妈。"这位母亲认为,早年父母和孩子纽带的缺失会使父母日后对孩子的照料和管教变得艰难。

祖母能够在多大程度上提供集中的资源和悉心照料,影响着孩子父母对这位祖母可得性的判断。孩子父母认为当祖母只需照顾一个孙辈时,能够给予他/她不间断的关心和全神贯注的照看;当祖母需要轮换家庭为不同孙辈提供照顾时,或者需要同时照顾不止一个孙辈时,孩子父母认为她不太可能成为专心的照顾者。此外,有多个孙辈的祖母可能由于她们的偏好而对不同孙辈有不一样的投入。一位母亲在解释选择不让父系祖母照看孩子的原因中表达了这种顾虑:"他(孩子父亲)还有两个哥哥,两个哥哥都有孩子,都要我婆婆带。我公公婆婆有三个孙辈,我们宝宝又是最小的,假如你说都到她家去,以后买个鸡,就两条腿,你分给谁去啊……而且她已经有个大孙女了,我们是小孙女。虽然公公婆婆对我们还是蛮好的,但是我不放心。我爸爸妈妈就我一个子女,肯定是一心一意帮我带孩子。"这位母亲推测照顾多个孩子的婆婆有可能会对其中某些孩子有所偏爱,而自己母亲则不会发生这种情况,因为她的母亲能够将其所有的爱和资源集中在唯一的孙女身上。

这样的考虑让孩子父母偏向选择自己是独生子女的一方祖母照顾孙辈。相比之下,只有一个孩子的祖母也更可能有时间来照顾孙辈,因为有多个孩子的祖母可能需要照顾多个孙辈。事实上,在本文的研究样本中孩子父母是独生子女父母的祖母比孩子父母非独生子女父母的祖母更多地参与孙辈的照顾。有 79% 母亲是独生子女和 86% 父亲是独生子女获得自己母亲的育儿支持,但只有 56% 母亲是非独生子女和 45% 父亲是非独生子女的母亲给予了育儿支持。当孩子父母都是独生子女时，双方祖母经常同时帮助育儿或在一周的不同时间交替帮助育儿（61.5％）。随着只有一个女儿的母系祖母数量增多，没有儿子需要支援的她们更有可能成为女儿的可用资源，住在女儿附近并和女儿定期保持联系。孩子父母也更有可能把祖母是否能够提供高质量的照顾（比如照顾孩子数量的多少）和安排的便利性（比如祖母是否住在附近）看得比世系化的照顾更重要。

祖母的资质

选择父系祖母还是母系祖母的另一个考虑因素是祖母的资质是否能满足孩子成长的需要。孩子父母在访谈中谈到，孩子和照顾者的互动过程会直接影响照顾的质量，进而影响儿童发展；他们也敏锐地意识到，提供照顾的祖母会有更多时间和孩子在一起，从而对儿童发展产生重大影响。所以，父母认为祖母育儿的资质比她们是父系祖母还是母系祖母更重要。在 77 个家庭中，有 50 个（64％）是基于技能而非世系的逻辑来选择照顾者。正如一位母亲所说："中国人的传统观念嘛，那毕竟是他们家的事情，我想让婆婆带。但是，实际上呢，真正等到我生完孩子后，我觉得应该哪边对宝宝有好处哪边带。"

访谈显示，孩子父母认为祖母提供"更好照顾"的能力与祖母的文化资本息息相关。文化资本主要是指祖母的文化程度以及她是否出生或居住在城市。祖母出生或居住在城市通常意味着她会说普通话，并会使用以孩子为中心、专家指导和劳动密集型为特征的现代育儿方法；相比在乡村生活的人而言，在城市生活的人对这些方法较为熟悉。孩子父母不愿让农村祖母参与儿童的照顾，因为农村育儿风格"随性""极其简单"，是"拉扯长大"的，非常不同于孩子父母希望他们的独生孩子所接受的"用心""花费大量精力""从营养、知识、开发智力全方面进行照顾"的育儿方式。"我们不放心让奶奶过来带孩子,"一位母亲说,"因为(奶奶)以前带过他哥哥的孩子,摔得满头都是包,缝了好几针。因为是农村的吧,可能不太上心,就把孩子扔一边,然后随他怎么玩儿。所以我先生也不放心,就把外婆请过来。"她说尽管父系祖母渴望提供帮助,她也不愿意让父系祖母帮助育儿,而是让受过良好教育的母系祖母参与。

大多数人认为,如果提供照顾的祖母有较高的教育水平或较长的受教育时间,她们可以更好地帮助孩子适应有组织的学习或游戏(比如唱歌和阅读),并开展有助于提升认知的互动。孩子父母解释说,这些活动有助于培养孩子的技能和特质,以确保他们在学校比其他孩子更有竞争力。比如一位母亲说:"我觉得成长环境对宝宝很重要,我爸妈就是学历啊什么比他们(爷爷奶奶)高一点。我觉得不同环境下成长出来的宝宝是不一样的,见识不一样,接触的东西也不一样,语言环境也不一样,对他以后上幼儿园有影响,所以还是外婆这边带。语言各方面,教他唱歌啊,给他讲的故事,对他都有好处,所以当时就决定把宝宝放这边……爷爷奶奶是农村的,方言比较重,我觉得这个很有影响。其实爷爷奶奶还是非常想带的,但是我不愿意,他们想带也带不起来。"

一些孩子父母有意让资质不同的母系祖母和父系祖母一起育儿。让母系祖母和父系祖母同时或交替帮助育儿的孩子父母经常强调这种安排的好处,即可以利用双方的技能、经验和资源,更好地满足孩子在身体、智力和社会维度的发展需要。一位母亲让母系祖母和父系祖母分时期照顾她的女儿,她解释说:"像饮食方面,她奶奶就不会单独给小孩搞个东西吃,她可能是因为图个省事,弄得比较简单,所以饮食方面就比较不放心。像我女儿这么大,牙还没有长齐,不能跟大人一样吃正常的菜,但是又必须加一些蔬菜,不然营养就不均衡。我妈妈就会把那些蔬菜砸得碎碎的放在稀饭里面煮,这样她就能吃到各种蔬菜了。"但是,这位母亲同时也认可父系祖母宽松的育儿风格所带来的"自由"和"独立性"。在比较父系祖母轻松的育儿风格与母系祖母较为严格的育儿风格后,她说:"就是我妈妈管得太多,约束得比较多。她奶奶可能就比较好一点,但有时候她奶奶就自由过度,什么都不去管她,有些安全性的东西她都不太在意。而我妈妈是管得她太严,就是这个东西不能碰,那个东西不能拿,就很拘束……我的独立性就不强,可能跟我的父母教育有关,就是约束得比较多,所以我就不想约束我的女儿,不要让她像我一样。"一方面,这位母亲不赞成自己母亲的"谨慎",认为这限制了女儿的行为;另一方面,她也赞赏她母亲的"谨慎",尤其是她母亲给孙女提供了均衡的饮食和安全的环境。同样,她也赞同父系祖母轻松的育儿方式,因为她觉得这培养了女儿的独立性;但是,她也担心过度放松可能会忽视女儿的营养和安全问题。这位母亲总结说,让父系祖母和母系祖母交替帮助育儿有助于实现平衡。

同样,另一位母亲提到了交替育儿的价值,不同的祖母能够促进孩子在不同方面的发展。"他奶奶呢,就是那种农村的教育。可能没那么多东西给他玩,因为她没有东西吸引他嘛,所以对他来讲,爬行、走路就是吸引他的事情,所以他更多地专注在这个方面,在行为能力的方面发展得更快一点。"她发现母系祖母的互动方式正好相反:"奶奶呢,没事就是'来,宝宝我们来练走路',我妈没事就是'宝宝来学卡片咯,算东西,搞积木咯'……我觉得我妈过多地注意他智力开发,但是行为方面关注较少。奶奶正相反,奶奶在智力方面不怎么教育,倒是在行为方面教育得很好。"她说:"我觉得奶奶在行为能力培养这方面就比我妈要强,但是你又想,0—3岁脑发育,60%的脑细胞都在这个时候发育完成,(如果)不会说普通话,然后又这个不知道那个不知道,就会比别的孩子落后。想到一点然后你心里面又觉得那个。"这位母亲认为祖母交替育儿会使她孩子的智力和行为能力都能得到发展。

我们的受访者认为培养和发展孩子的身体素质、社交能力与智力水平是"早教"必不可少的部分,并且越早开始越好。这种信念和"赢在起跑线""害怕落后"等流行语所表达的一致,受访者也常常援引这些流行语,用来解释为何选择能够提升孩子素质的祖母参与育儿。虽然在孩子的幼年阶段,父母关注的头等大事是孩子的健康和快乐,但他们也深感有责任给孩子提供合格的看护人,帮助孩子做好准备来面对竞争激烈的中国教育体系。可见,当代中国父母非常看重育儿质量,所以祖母的资质往往超越基于世系的偏见,成为一个主要考量。

避免代际冲突

让祖母参与育儿,就意味着孩子父母和提供照顾的祖母每天要互动和合作,在很多情况下,提供照顾的祖母还会参与核心问题的决策,所以孩子父母强调了让一个能与他们保持良好互动关系的祖母参与育儿的重要性,以此来减少冲突与不和。孩子父母都指出了婆媳之间的冲突比岳母和女婿之间的冲突更普遍,因为在中国传统文化的规范下,婆婆应该比媳妇拥有更多的权力,这体现了父权制在女性身上的延伸。[1] 然而,婆婆的权力是很脆弱的,因为媳妇可以利用她们与孩子、有时是与丈夫更强大的情感纽带来对抗婆婆的权力。

---

[1] Zuo, Jiping. Rethinking family patriarchy and women's positions in presocialist China. *Journal of Marriage and Family* 71.3（2009），pp.542 - 557.

封建统治时期,鉴于家庭是妇女唯一可以行使权力的地方,[1]由于教育、就业与婚后分居对媳妇的赋权,当代中国婆婆的权力已经减弱。而婆婆在传统文化的规范下成长,这让她产生了对优越地位的期待,但是在快速转型的社会中,她又往往处在劣势地位,这种落差和不协调进一步加剧了婆婆与儿媳之间的冲突。[2]

相反,女婿与他们的岳母冲突的可能性较小。传统社会里,大多数女婿不和他们的岳母住在一起,父系传统也阻碍了岳母和已婚的女儿、女儿的孩子及丈夫保持紧密联系。在如今的南京,基于父系制传统的从夫居并不普遍,但是它所包含的婆媳冲突的文化隐喻,使得婆媳关系比没有文化隐喻的岳母和女婿之间的关系更让人担忧。此外,即使在父系制和父系偏见的传统下,人们也并不认为岳母的权力应该比女婿大,所以年轻一代权力的上升和老一辈权力的下降没有使得岳母和女婿的关系像婆媳关系那样痛苦。最后,因为男性可以在家庭之外行使更多的权力,通常不会期望在家庭事务上有很高的参与度,所以不管是过去还是现在,女婿都不太可能和岳母一起竞争权力。孩子的父亲和母亲(尤其是母亲)希望避免婆媳冲突,导致他们更愿意让母系祖母、而非父系祖母来帮助育儿。一位母亲解释说:"因为我觉得带小孩是一个蛮烦琐的事情,很多家庭的矛盾都是婆媳关系处理不好或什么的。我们刚结婚,就怀孕有小孩,我还没有做好那个什么的(准备)。所以我觉得婆媳间还没有来得及适应,突然又有个小孩夹在中间,我觉得可能会有矛盾,怕产生这种矛盾。"这个叙

---

① Wolf, Margery. *Women and the Family in Rural Taiwan*. Stanford University Press, 1972.

② Yan, Yunxiang. *Private Life under Socialism: Love, Intimacy, and Family Change in a Chinese Village, 1949-1999*. Stanford University Press, 2003.

述是一种普遍的担忧,即婆媳关系本身具有争议。相比于让母系祖母帮助育儿,让父系祖母帮助育儿更有可能产生育儿冲突,而这又会进一步恶化婆媳关系。母亲们解释说,与自己母亲相比,自己不太可能和婆婆共享育儿理念、风格和实践,因为自己和婆婆来自不同背景的家庭、不同的地区和社会阶层。而且,婚后与老一辈分开居住取代了从夫居,使得婆媳在共同育儿之前鲜有机会达成共识并发展出有效的沟通技巧。正如一位母亲所说:"因为(婆媳)在很多生活方面的习惯都完全不一样,你需要从零开始去磨合。像在教育孩子上面可能有些差异,年轻人和老人在抚养孩子方面有些意见不统一,而我能说什么程度的话她(婆婆)能接受(我也不知道)。"

也有人担心婆媳之间的冲突可能会对婚姻关系产生负面影响,使丈夫陷入一个两难的境地。他们认为这样的代际冲突在母系祖母帮助育儿时较少发生,因为岳母对女婿参与孩子照顾的期望较低,这让岳母和女婿在日常的育儿照料中互动较少,也减少了冲突的可能性。在解释母系祖母的照料比父系祖母的照料带来更为和谐的代际关系时,人们经常提到这一点。正如一个母亲所说:"不像婆媳关系,女婿和岳母的关系肯定是好的。男人又不做家务,冲突肯定会少点。"

正如母亲们所说的那样,母系祖母育儿中代际冲突更少的另一个原因是女儿与母亲之间的亲密纽带。孩子母亲经常对比自己和婆婆、自己和母亲之间的关系,前者有距离感而且充满紧张,后者则更加友爱、关心和亲密。一位母亲说:"我不让我的公婆过来帮我带孩子还有个更重要的原因就是,可能婆媳之间,天生的关系就很微妙。然后我就觉得没有我父母过来带方便。"这位母亲认为,即使育儿观念出现分歧,母女之间强烈的凝聚力和团结感也会使冲突的协商更简单。"母女嘛,不像婆媳,还是比较好沟通的,"一位母亲解释说,

"现在比如有什么事情,我跟妈妈讲,你要这么这么做,妈妈一般不会有什么意见的;就算有什么意见,或者有什么口角了,她也不会生气,不会计较啊。但是婆婆的话,就不一样了,她们肯定就生气了。"母亲们认为,母亲和女儿之间情感上的亲密和纽带,部分是玛杰里·沃尔夫所说的"子宫家庭"①,是基于生物形成的,"子宫家庭"内部的人可以自由和开放地交流不同的价值观和期望。

父亲们还解释说,他们偏好母系祖母的原因是希望避免他们的母亲和妻子之间的不和谐。一位父亲谈到让母系祖母而不是父系祖母帮助育儿的好处时说:"她妈来带比我妈来带呢,还有一个好处就是,她们之间不存在相处的问题。要是我妈来带,万一相处得不好,到时候我还有得头疼呢。"父亲们经常认为,他们有责任在妻子和母亲发生冲突时扮演调解的角色,但也指出作为一个中间人解决争端是一件非常不愉快和有压力的事情,在调节的过程中还面临着向妻子或母亲表示忠诚的压力。由于并不需要在妻子和岳母这对组合之间扮演调停者的角色,所以对于许多父亲来说,让母系祖母来育儿更有吸引力。

对代际冲突的担忧导致了母系偏好。在 77 个家庭中,56 个家庭(72.73%)的孩子父母中至少有一个人在没有提示的状况下就提出偏好母系祖母参与育儿是为了避免与父系祖母发生冲突。本研究中有 23 个家庭正在让父系祖母帮助育儿,其中有 14 个家庭(61%)的孩子父母至少有一个人出于同样的原因,表示他们更偏向让母系祖母帮助育儿,但他们的母系祖母要么无法提供照料,要么不如父系祖母有资质。我们发现在可得性和育儿资质相等的前提下,孩子父母更有可能偏好让母系祖母而不是父系祖母帮助育儿。

---

① Wolf, Margery. *Women and the Family in Rural Taiwan*. Stanford University Press, 1972, p.32.

社会文化的变迁

年轻家庭越来越多地偏向于选择母系祖母照顾孩子，反映出中国亲属制度及其父系偏好的根本变化。对父母育儿所考虑因素的分析表明，育儿模式向父系和母系祖母双方，甚至向母系祖母一方的转变可能是由中国的社会文化变迁所致，这种变迁导致了代际关系的重新协商、女性在获取父母支持方面能力的上升以及以孩子为中心的育儿理念。

重新协商的代际关系

年轻家庭越来越多地依赖母系祖母提供的支持，与父系祖父母对儿子及儿媳的权力下降有关。不同于过去的从夫居，77 个家庭中有 63 个(81.8％)家庭婚后单独居住，这使得已婚夫妇能够免受父系亲属的影响而独立生活。单独居住还让孩子父母有了更广泛的选择，不必像从夫居那样，将照顾孩子的人选局限于父系祖父母。单独居住的夫妻可以选择将孩子送至父系祖母或母系祖母住处进行照顾，或选择让父系祖母或母系祖母来家里看望或搬到家里来照顾孩子，这取决于他们能腾出的时间和生活空间。

这项研究中，父母的教育和收入水平比祖父母更高，这进一步削弱了长辈的权威和权力。近三分之二的祖母没有接受过正规教育或只完成了小学或初中学业；而父母这代人获益于高等教育的扩招和市场经济的发展，87％以上的父母至少有大学文凭，82.5％的父亲和88.6％的母亲从事白领工作。

参与调查的孩子父母(而不是祖母)有权决定哪方祖母参与或不

参与育儿,从这就可以看出年轻人相对老年人权力的增强。做出哪方参与或不参与的决定时,孩子父母似乎主要是基于安排的可行性(例如祖母的可得性),以及父母和孩子的需求(例如祖母的资质和代际关系)。许多有关当代中国代际关系的研究已经注意到了,选择谁来育儿时采用实用主义,而非偏向于特定的世系:当今的年轻人选择那些能够为他们提供资源并保持良好关系的长辈来保持和加强联系而不管这些长辈的世系如何。① 这种主要基于资源交换和人际关系特性的有条件的代际互动行为,与祖父母育儿尤其相关。照顾孩子是孩子父母和祖父母共同参与的活动,容易发生代际矛盾,而且育儿资源是父母关注的中心,所以代际关系的强弱和育儿服务的质量在父母做出育儿决策时尤其重要。在这种情况下,让母系祖母更多地参与育儿是家庭采取的一项适应性策略,最大限度地利用现有资源来满足父母和孩子的需求。

女性在原生家庭的赋权

计划生育政策在一定时期内使得许多祖母只能有一个孩子及一个孙辈,这提高了父系祖母和母系祖母参与育儿的可能性。前几代祖母往往不得不在照顾儿子的孩子和女儿的孩子之间进行选择,而且由于对父系的偏好,结果往往是照顾儿子的孩子而非女儿的孩子。相比之下,现在许多祖母只有一个孩子,因此在照顾儿女的孩子时不必进行选择。在我们的样本中,高度依赖母系祖母来照顾孩子的部

---

① Shi, Lihong. "Little quilted vests to warm parents' hearts": Redefining the gendered practice of filial piety in rural North-Eastern China. *The China Quarterly* 198 (2009), pp.348 - 363; Zhang, Weiguo: "A married out daughter is like spilt water"? Women's increasing contacts and enhanced ties with their natal families in post-reform rural North China. *Modern China* 35.3 (2009), pp.256 - 283.

分原因可能是,作为独生子女的父亲比作为独生子女的母亲的比例较高(77位母亲中49%没有兄弟姐妹,而77位父亲中25%没有兄弟姐妹)。可能的解释是,样本中的父亲比母亲更有可能在计划生育政策实施之前出生,而且样本中农村地区出生和长大的父亲(42.9%)比母亲(19.5%)更多。在孩子父母双方都是独生子女(16.9%)的情况下,母系祖母仍积极参与育儿,经常和父系祖母一起或交替参与(61.5%联合育儿,23.1%是母系祖母在照顾,15.4%是父系祖母在照顾)。孩子父母提到,这样的安排满足了双方祖父母愿望,祖辈想要通过照顾唯一的孙辈来建立与孙辈牢固的关系,同时双方祖母都投入时间、精力和资源,可以提高照顾质量。

相比于父亲们,母亲们很清楚凭借自己独生子女的身份,她们有更大的机会获得自己母亲的育儿支持。正如一位母亲谈到安排母系祖母参与育儿时说:"因为我爸妈就我一个孩子,我是1980年生人,那时候我爸妈也是积极地响应国家号召,只生一个孩子。这么长时间来,确实感觉到生一个孩子的好处,我爸我妈基本上没有什么负担,就过来一心一意帮我带孩子,应该算是蛮和谐的,我也很高兴我父母当时能有这样的觉悟。"相比之下,父亲们认为自己会因父系偏好而享有特权,很少把自己独生子的身份视为得到父系祖母育儿参与的一个决定性因素。一方面,如果母亲是独生女,她们会经常讨论自己独生女的身份,认为这一身份使她们能够享受父母独一的投资,并在婚后让父母来照顾孩子,从而不必与兄弟姐妹争夺资源,继续享受父母的支持。许多母亲认为母系祖母不仅在照顾孙辈,同时还在照顾自己,故而很多母亲认为母系祖母提供的育儿帮助是在继续支持自己生活和事业的发展。另一方面,如果父母是独生子女的,他们的母亲特别渴望提供照顾,这让祖辈有机会与自己唯一的孙辈建立亲密关系。

值得注意的是,虽然由于独生女的身份,女性在代际关系中的权力上升,但是因为母亲仍然比父亲承担更多的育儿责任,所以她们在婚姻内部拥有的权力变化相对较小。孩子母亲争取自己的母亲来帮助育儿的能力与 20 世纪初盛行的情况形成了鲜明对比。当时,由于父系制度、从夫居及父系偏好,女性对育儿安排缺乏控制权。21 世纪,由于女性的权力上升,她们才能够选择母系祖母育儿,但对这一选择的倾向可能由来已久。

以孩子为中心的育儿

母系祖母参与育儿的增加,可能也与越来越多的中国家庭以孩子为中心密切相关。约翰·考德威尔将中国社会中以成人为中心(特点是孩子向他们的父母贡献更多)到以孩子为中心(特点是父母向孩子转移更多资源)的转变,看作是经济发展和人口结构变化的结果。[①] 约翰·考德威尔指出,传统社会中生育率较高,父母认为每一个孩子都是给自己创造财富的来源,在这种情况下,照顾和资源转移倾向于向上移动;而在生育率较低的现代社会,财富通常是向下流动的,其特征是父母向子女投入更多。这为理解在计划生育政策下,中国的家庭结构日益以孩子为中心的现象提供了一个有益的框架。与生育率较高的前几代父母不同,中国独生子女的父母倾向于对独生子女进行大量投资,并对他们的成功寄予很高的期望。[②] 这种以孩子为中心的取向已经成为中国独生子女一代父母(包括本研究中的许

---

① Caldwell, John Charles. *Theory of Fertility Decline*. Academic Press, 1982.
② Fong, Vanessa L. *Only Hope: Coming of Age Under China's One-Child Policy*. Stanford University Press, 2004; Kipnis, Andrew B. *Governing Educational Desire: Culture, Politics, and Schooling in China*. University of Chicago Press, 2011.

多父母)所坚持的育儿实践的标准特征。[①]

在做育儿选择时,孩子父母尤其关注什么最有利于孩子的发展。父母没有把祖父母帮助育儿描述成一种负担得起、简单、方便的照顾方式,而是将其概念化为一种比保姆照顾或日托更安全、更会教养、更值得信任的照顾方式。此外,本研究中的孩子父母并不是简单地把孩子托付给最便利或最易获得的祖母。尽管在访谈中,祖母的可得性确实是孩子父母们做出选择时的一个标准,但孩子父母们也解释了这种可得性和便利性可能会提高育儿质量的原因。例如,父母在选择育儿参与时偏好地理位置更近的祖母,这有助于促进亲子互动和维持亲子联系。同样,父母也认为不需要工作以及照顾其他孩子的祖母才能集中精力及不间断地照顾自己的孩子。

这种育儿安排以孩子为中心,强调照顾者的奉献精神、资质和与其他照顾者合作的能力,促进了母系祖母的育儿参与。某些家庭以资质为中心来选择祖母参与育儿,使得母系祖母与父系祖母有相同的机会,因为照顾者的选择标准是基于技能而非世系。其他一些家庭则以资质为中心,让育儿技能互补的父系祖母和母系祖母都参与进来。孩子父母评论说,在与母系祖母合作育儿时,更容易实践自己偏好的育儿方式,家庭关系会更加和谐,也更能够为孩子提供额外的资源以提升照顾质量。如果基于技能和以孩子为中心、而非基于世系来选择参与育儿的祖母,那些被孩子父母认为有资质的、有合作意识和奉献精神的母系祖母就成为更具竞争力的人选。

[①] 参见 Goh, Esther. *China's One-Child Policy and Multiple Caregiving: Raising Little Suns in Xiamen.* Routledge, 2011; Kuan, Teresa. *Love's Uncertainty: The Politics and Ethics of Child Rearing in Contemporary China.* University of California Press, 2015; Zhang, Cong, et al. How urban Chinese parents with 14-month-old children talk about nanny care and childrearing ideals. *Journal of Family Studies* (2018).

讨　论

本文探讨了中国祖父母参与育儿中父系制的衰弱,这表明育儿模式已经从仅依靠父系祖父母照顾的父系偏好转变为父系和母系共同参与,甚至母系偏好模式。与前几代人相比,如今的父母强调祖母的可得性、资质和与自己现有的代际关系,这使得母系祖母参与育儿的机会增多。这也说明中国城市家庭选择母系祖母帮助育儿,并不是在没有父系祖母帮助育儿的情况下万不得已的选择。事实上,我们发现孩子父母似乎并不认为父系祖母帮助育儿是必要的或首选的,相反,孩子父母基于对资源和需求的实际考虑,有意地选择母系祖母参与育儿。作为应对中国大规模的社会和经济重组的方式,中国城市家庭中的老年父母与成年子女之间经常发生这种跨代合作和双边资源交换。[1] 怀默霆展示了保定市老一代和年轻一代的城市工薪阶层家庭如何作为一个团体共同努力,来适应新世纪前后十几年的巨大的社会变迁。[2] 跨代合作包括父母将工作传给成年子女,为子女提供住房或为子女买房提供帮助,以及父母和成年子女在生活开

---

[1] Chen, Feinian, Guangya Liu, and Christine A. Mair. Intergenerational ties in context: Grandparents caring for grandchildren in China. *Social Forces* 90.2 (2011), pp.571 - 594; Wang, Danning. Intergenerational transmission of family property and family management in urban China. *The China Quarterly* 204 (2010), pp.960 - 979; Whyte, Martin King. Continuity and change in urban Chinese family life. *The China Journal* 53 (2005), pp.9 - 33; Yan, Yunxiang. *Private Life under Socialism: Love, Intimacy, and Family Change in a Chinese Village, 1949 - 1999*. Stanford University Press, 2003.

[2] Whyte, Martin King. *China's Revolutions and Inter-Generational Relations*. Center for Chinese Studies, University of Michigan, 2003.

支、家务、育儿等方面的互助。① 利用母系祖母和父系祖母的劳动力和资源来照顾孩子,可能代表了中国城市家庭采取的另一种灵活策略,以实现培养全面发展的第三代人的共同目标,这也是整个家庭的希望所在。当代中国正日益兴起新家庭主义(家庭生活的重心从祖父母转移到孙辈)文化,在这一背景下,可以说,培育成功的下一代是家庭最重要和最有意义的目标,这也推动着代际合作。②

这种涉及代际资源双边交换的家庭合作模式,说明代际交流的性质较之过去变化巨大。首先,它是一种颠倒了的代际等级,在过去,权力关系和家庭资源不对称地偏向于老一辈,现在却向下转移到年轻一代。③ 我们发现,从夫居的减少和父系长辈权威的下降使年轻夫妇有权力并可灵活地选择哪方祖母参与或不参与育儿。此外,孙辈的向心力导致了以孩子为中心的育儿理念,父母在选择照顾者时强调照顾者的资质而非世系,而且还会合并两个世系的资源来投资孩子。④ 这让母系祖母和父系祖母共同参与育儿的模式广泛存在。这种育儿

---

① Wang, Danning. Intergenerational transmission of family property and family management in urban China. *The China Quarterly* 204 (2010), pp.960 - 979; Whyte, Martin King. *China's Revolutions and Inter-Generational Relations*. Center for Chinese Studies, University of Michigan, 2003; Whyte, Martin King. Continuity and change in urban Chinese family life. *The China Journal* 53 (2005), pp.9 - 33.

② Yan, Yunxiang. Intergenerational intimacy and descending familism in rural North China. *American Anthropologist* 118.2 (2016), pp.244 - 257.

③ Shi, Lihong. "Little quilted vests to warm parents' hearts": Redefining the gendered practice of filial piety in rural North-Eastern China. *The China Quarterly* 198 (2009), pp.348 - 363; Yan, Yunxiang. Intergenerational intimacy and descending familism in rural North China. *American Anthropologist* 118.2 (2016), pp.244 - 257.

④ Feng, Xiao-Tian, Dudley L. Poston Jr, and Xiao-Tao Wang. China's one-child policy and the changing family. *Journal of Comparative Family Studies* 45.1 (2014), pp.17 - 29; Goh, Esther. *China's One-Child Policy and Multiple Caregiving: Raising Little Suns in Xiamen*. Routledge, 2011；马春华、石金群、李银河、王震宇、唐灿:《中国城市家庭变迁的趋势和最新发现》,《社会学研究》2011 年第 2 期,第 182 - 216,246 页。

安排,特别是双方同时参与育儿的模式,在其他社会中很少见,其原因可能在于中国曾经的计划生育政策所形成的"4-2-1"家庭结构(指四个祖父母,一对由两个独生子女组成的已婚夫妇以及夫妇的独生子女),这种家庭最多可以让四个祖父母照顾一个孩子。[①]

其次,双边祖父母,甚至是母系祖父母帮助育儿的兴起揭示了代际互动中性别关系的变化,代际关系中女性的赋权使她们能够从自己父母那里调动更多的资源。[②] 我们的研究强调了中国的计划生育政策对代际交换中父系偏好下降的巨大影响。父系偏好在中国农村仍然存在。[③] 农村家庭的特点是更依赖孩子作为养老保障,老人依赖成年子女的经济扶助,所以人们仍倾向于多生几个孩子,尤其是儿子。因此,在许多农村地区,仍然可以看到父系偏好,即在同一家庭中看重儿子而不是女儿。张楠等人研究了中国农村留守儿童的照顾者,发现父母偏向让父系祖父母照顾孙辈。[④] 导致这一研究结果的主要原因是在他们的研究样本中,母系祖母有多个成年子女,在这些子女中她们优先照顾儿子的孩子而不是女儿的孩子。在我们的研究中,我们发现城市女儿的独生子女身份让她们从父母那里获得了前所未有的育儿支持,而这些曾经是留给儿子的。有独生女儿的母系

---

① Zhang, Cong, et al. How urban Chinese parents with 14-month-old children talk about nanny care and childrearing ideals. *Journal of Family Studies* (2018).

② Fong, Vanessa L. *Only Hope: Coming of Age under China's One-Child Policy*. Stanford University Press, 2004; Zhang, Weiguo. "A married out daughter is like spilt water"? Women's increasing contacts and enhanced ties with their natal families in post-reform rural North China. *Modern China* 35.3 (2009), pp.256-283.

③ Chen, Feinian. The division of labor between generations of women in rural China. *Social Science Research* 33. 4 (2004), pp. 557 - 580; Cong, Zhen, and Merril Silverstein. Intergenerational exchange between parents and migrant and nonmigrant sons in rural China. *Journal of Marriage and Family* 73.1 (2011), pp.93-104.

④ Zhang, Nan, et al. Parental migration, intergenerational obligations and the paradox for left-behind boys in rural China. *Asian Population Studies* 12.1 (2016), pp.68-87.

祖母不仅是可得的,而且她们有很大的动力去支持自己的独生女儿,并通过提供照顾与独生孙辈建立代际联系。

2015年,我国计划生育实行了二孩政策,但生育政策的放宽并没有大幅提高生育率。[1] 即使政府积极鼓励城市夫妇生二孩,我国城市的生育率仍然比较低。如果这种情况持续下去,独生子女家庭可能仍然是我国城市主要的家庭模式,独生女儿可能会继续受益于父母在育儿方面的全力支持,独生子女孙辈可能会继续成为家庭生活的焦点。另一方面,如果二孩政策确实对提高生育率和降低独生子女家庭比例产生了影响,那么,城市女儿似乎又要与兄弟们竞争父母的帮助与资源。家庭中不断增长的育儿需求可能产生对祖父参与育儿的期望,或使双方祖父母帮助育儿成为一种新的规范。不过,在二孩政策下出生的孩子将在20到40年后才会开始拥有自己的家庭。在此期间,可能会有更多的社会、政治、文化和经济变化,因此很难预测独生子女数量的减少将如何影响育儿。未来的研究应该调查中国家庭的育儿支持系统如何适应这些新的变化。

由于样本不具有代表性,我们的研究存在局限性。我们研究的父母受教育和收入水平都高于中国城市家庭的平均水平,这可能是因为本研究样本招募的医院位于南京市相对富裕的地区。考虑到城市工薪阶层家庭和农村隔代教养家庭在祖父母育儿安排上可能遵循不同的逻辑,未来的研究应该根据农村或城市出身以及社会经济地位来对中国家庭做出更为广泛的考察。这项研究的另一个局限是只关注孩子父母的声音。在未来的研究中,应从祖父母的角度,了解他们对参与育儿的期望的变化,以及他们对自己在照顾孙辈时应该扮

---

[1] 国家统计局:《2017年我国"全面两孩"政策效果继续显现》,http://www.stats.gov.cn/tjsj/sjjd/201801/t20180120_1575796.html。

演的角色的理解。例如,探究父系祖母如何应对变化后的规范,这些规范是否挑战了她们在育儿中已经确立和明确的角色。她们是否将其视为地位或重要性下降的不幸标志,或将其视为一种解脱? 母系祖母如何看待自己新近承担的责任? 她们会认为这是一种牺牲还是与女儿家庭建立联系的机会? 此外,这项研究没有呈现祖母作为自主个体在参与育儿决定中的协商。未来的研究可以调查祖父母对不断变化的期望和角色的适应或抵制,这可能有助于了解中国代际互动中的权力博弈和性别关系。

(胡凤松　译)

第四讲　养老院老年人的身体感研究

——田野观察与反思①

沈　燕

当身体逐渐衰老

2019 年 5 月底,我第一次走进上海市 D 养老院,开始进行田野调查。一些老人因无法自理而入住 D 养老院,从某种程度上来说,养老院对老人的管理其实是对各种不同衰老程度的身体的管理。住在这里的老人,按照相应的等级评估标准,依自理能力、失能程度等的不同被分为正常、轻度、中度、重度四个照护等级并接受相应的服务。而我好奇的是,在这个人为创造的环境中,这些正在逐渐衰老、逐渐丧失身体感的老人,他们对自己或别人的身体会有怎样的认知。简而言之,即老人们是如何看待自己的身体的。调查期间,我发现"脏"与"不值钱"是绝大多数老人对自己身体的认知。衰老的身体虽然使老人逐渐丧失了生理感官层面的身体感,但这反而促成了他们共有了某些认知层面的身体感。具体来说,这里的"脏"和"不值钱"分别指向什么,又是什么促成了他们有这样的身体感,而我们又可以从这样的身体感中看到什么?

---

① 本文初刊于《民间文化论坛》(2020 年第 4 期),题为"'脏'与'不值钱':养老院老年人的身体感研究"。此为修订版,文字有所增删。

老年人与身体感

国内外的老年研究,最初都是源于对老年人身体生物性衰老的关注,主要从生物学、医学的角度研究人的衰老和延年益寿。随着社会的发展,老年学、社会学、人类学等学科的老年研究开始意识到社会、文化等因素对老年人的影响,并开始关注老年人的社会角色、社会价值、生命意义等话题。如今有关老年人身体的研究,大致也仍是这两条分别围绕身、心展开的路径。就前者而言,老年人的身体是客观存在的衰老与疾病的代名词,就后者而言,身体更是成了研究的背景。然而,从老年人视角出发的关于他们自己的身体感的研究则少有人关注。

那么何为身体感?希林认为,在有关身体的讨论中有三类最具影响力,前两类分别为以福柯(Foucault)等为代表的、强调身体被动性的社会建构论及以布迪厄(Bourdieu)等为代表的、强调身体能动性的结构化理论,但他认为这两类研究使人们"更清楚地看到了躯壳(leib,身体存在的结构性、客观化特征),但未充分把握身体(korper,身体存在的生命、感觉、感官、情感等特征)",由此造成了身体在社会研究中的缺席在场(absent presence)。基于此,他提出了第三类身体研究即生命态身体(lived body)的现象学思路,强调活生生的"体验中的身体"的"身体感"维度。① 这里的"身体感"并非仅仅指感官体验,更是指向其背后的感知模式,"我们通过感觉来体验自己的身体——以及这个世界。因此,感知的文化构成深刻地规定着我们对

---

① [英]克里斯·希林著:《身体与社会理论》,李康译,上海文艺出版社 2021 年,第 11—15 页。

自己身体的体验,以及对这个世界的理解"①。这类研究以 1990 年代戴维·豪斯(David Hoes)、康斯坦丝·克拉森等开展的一系列感官人类学研究为代表,强调身体研究中的"感官转向(the sensorial turn)",即"探讨感觉的体验如何因各感觉所具有的意义、所获得的重视不同"而在不同的文化中有不同的表现,此外还关注这些差异对社会组织形式、自我及宇宙观念等的影响。② 余舜德在藏区田野调查中,有感于自己与当地人之间身体感受的不同而开始关注"身体感",他将"身体感"定义为"身体作为经验的主体以感知体内与体外世界的知觉项目(categorics),是人们于进行感知的行动(enact perception)中关注的焦点。经由这些焦点,我们展开探索这个世界的行动,做出判断,并启动反应"③。具体而言,即身体在感知外界与内在环境的过程中,对诸如饥、渴、冷、热、痛、痒等近乎与生俱来的知觉产生相应的生理反应并通过相应的行动来满足、解决此类需求,同时还能在与环境的互动中感知雅、俗、阴、阳、清、浊等以往惯之以"心"之层面加以对待的具有"文化意涵"的感知项目(categories),并在日常的行动中予以体现(embody)。④

　　综上可知,身体感首先指向的是身体本身的感官及感觉,其次指向感觉背后的认知模式,而这又与身体所处的地方、环境有关,最后还指向身体感形成的过程以及在此过程中由身体感达成和体现的自

---

① ［加］康斯坦丝·克拉森(Constance Classen):《感觉人类学的基础》,《国际社会科学杂志(中文版)》1998 年第 03 期,第 116 页。
② ［加］康斯坦丝·克拉森:《感觉人类学的基础》,《国际社会科学杂志(中文版)》1998 年第 03 期,第 122 页。
③ 余舜德编:《身体感的转向》,台湾大学出版中心 2015 年版,第 12 页。
④ 余舜德主编:《体物入微:物与身体感的研究》,(新竹)"清华大学"出版社 2008 年版,第 14—17 页。

我。正因为如此,对老年人身体感的关注与研究,是把握其自我认知与生活态度的关键。

　　养老院里老人的身体感有其特殊性。从养老院的角度来说,养老院本身就是现代性的产物,且现在的养老模式是以居家为基础、社区为依托、机构为支撑。随着独生子女父母的老年化,特别是当其出现生活不能自理的情况时,多会选择去社会机构养老。且这种"去家庭化"的养老意愿不仅出现在城市,也出现在农村地区,[①]可见养老院等养老机构在老年人的养老方式中将起到越来越重要的作用。当一座养老院成为老人老年日常生活的场所甚至是唯一场所时,这一空间本身也就成了老年人身体感建构的一环。因此在探寻老人身体感时,养老院也越来越成为不可忽略的存在。从老年人的身体来看,身体感是以身体主体为中介的,对老人来说,感官能力的丧失也使得他们逐渐不能顺利与周围环境进行互动,于是身体主体感的丧失使得其身体成为一个他者。这里的他者不仅是对周围环境、周围人而言的他者,也是于他们自己而言的。此时他们的身体感,与其说是他们的,不如说是由这具他者的身体及周围的环境共同赋予他们的更为恰当,它更多呈现出来的是一种被动的单向接受,且相比身体感官上的身体感,它更是一种心理认知上的身体感。

　　因此具体到研究中,我尝试采用情感人类学的方法对之进行研究。事实上身体感与情感在某种程度上是相通的,比如羞耻感,它既

---

① 参见尹志刚:《北京城市首批独生子女父母养老方式选择与养老战略思考——依据北京市西城区、宣武区首批独生子女家庭调查数据》,《南京人口管理干部学院学报》2008年第02期;丁志宏:《我国农村中年独生子女父母养老意愿研究》,《人口研究》2014年第04期;风笑天:《从"依赖养老"到"独立养老"——独生子女家庭养老观念的重要转变》,《河北学刊》2006年第03期。

可以是一种身体感也可以是一种情感。而在此我提出情感的研究，除了强调这种身体感的可共享的心理认知层面外，还指向我在田野调查中主体间性的调查方式。我在与他们的日常相处中不断产生着各种情感，而情感正是人类学者游走于他者与自我之间的一个有效通道，[①]正是在相互间情感的基础上，我得以进入他们的内心并"窥探"到他们对自我身体的认知。从这个角度而言，这篇论文也可说是一份情感民族志。

"脏"与"不值钱"

老人的"脏"

护理员这份工作最重要的就是不怕脏，有的人受不了脏就回去了，这是院长跟我说的一句话。留下来工作的护理员阿姨们也都与我聊到过这个话题，她们基本都经历了从怕脏到习惯脏的过程。那么，养老院里的脏究竟指的是什么。

说到这份工作的脏，护理员们都会提到的就是老人的屎、尿、痰等排泄物。失能区的护理员陈阿姨已经在这里工作好几年了，她说刚做这一行时她常常被人看不起，因为大家都会觉得这个活是给老人把屎把尿的，很脏。不过这两年好些了，因为对护理员的要求变高了，工资也相对高了。相比失能区，失智区护理员阿姨的工作则显得更为艰难。一次，正好是午休时间，一位老人赤着脚、举着双手从房间走出来，她的手上、小臂上都涂满了粪便，双脚也沾了很多，阿姨们吓了一跳，赶紧过去帮她清理。张阿姨把她带去卫生间洗澡，顾阿姨

---

① 参见［美］露丝·贝哈：《伤心人类学——最受伤的观察者》，黄珮玲、黄恩霖译，群学出版有限公司2010年版。

跑去她房间打扫,结果她房间根本就没有可以落脚的地方,从门口一直延伸到放在最里面墙角的坐便器,全是粪便。于是顾阿姨戴上手套,拿来拖把准备拖地,但发现拖不干净,她只好又蹲在地上,拿着钢丝球一点点擦。顾阿姨边擦着边跟我说:"妹妹①你看,我们这个工作龌龊伐②。"

　　除了直接与老人打交道的护理员之外,保洁部的阿姨也经常需要处理老人的"脏"物。洗衣房的朱阿姨每天都会收到来自三个区③的老人换洗下来的衣物,这些衣服或床单被罩等由收纳袋装着,每个袋子对应一位老人,由护理员对之进行初步分类后拿到洗衣房。这些衣服拿来的时候会被分为待洗衣物、被污染过的衣物、疑似污染性衣物三类,其中被污染过的衣物指的是带有尿液、大便、呕吐物、血渍的衣物,疑似污染性衣服指的是可能带有传染性病毒的衣物。虽然已经过初步分类,但朱阿姨还要进行再次分类。首先是待洗衣物,她会把比较干净的放在一起机洗;把脏一点的挑出来先一件件手洗,再放进洗衣机;而被污染过的衣服和疑似污染性衣服都需要先消毒再清洗,前者要用 500 mg/L 的有效氯消毒液浸泡 30 分钟,后者则要用 2 000 mg/L 的有效氯消毒液浸泡 60 分钟。在这么多衣物中,朱阿姨觉得最脏最难洗的是老人的内裤,特别是女性老人的。她每次都要手洗、机洗、再手洗,而且要使劲打肥皂、用消毒水④、再打肥皂,这样反复洗刷好几遍。杨阿姨主要负责公共区域的卫生情况,包括走廊、食堂、公共厕所等;除扫地外,更主要是要用消毒水拖地、擦扶手、桌

---

① 当地方言,小姑娘的意思。
② 当地方言,句末语气词,相当于"吧"。
③ D 养老院将入住老人分为自理区、失能区、失智区三个区域。
④ 因为消毒水还有漂白作用,所以可以洗得比较干净。

椅、门把手等。

由以上可知,养老院老人的"脏"多与其排泄物相关。很有意思的一点是,同住在 D 养老院的老人也会从别的老人身上看到这种脏。一次我问老人 W 为什么老人会跟"脏"联系在一起,她当时摇了摇头说不知道。过了几天,她忽然跟我说,她认真思考了这个问题。她说,一次吃好饭,她正往房间走,一位老人走在她前面,她看到那位老人裤子上屁股部位黄黄的,而且还留着一条长长的厕纸,关键是厕纸上也黄黄的,明显就是上完厕所没擦干净。这位老人就这么走了一路,而且现在已经吃好饭了,说明他就这样坐在了食堂的凳子上。老人 L 也与我说过类似的话,她参加活动时经常不坐院里的凳子,而是坐在自己的小推车上,她说那些凳子是脏的。另外,她隔壁住着一对老夫妻,她每次看到我都会提醒我不要去他们房间,因为很脏,有细菌。她举例说,他们吃东西不洗手,直接拿来吃。此外,院里基本上所有老人对护理员这份工作的评价就是脏,甚至有老人在言辞间还看不起这份工作。比如,在吵架时会说要是觉得自己了不起就不会来这种地方干活,这转而也反映出老人们对"老人"这个群体本身的认知。

那么身体排泄物作为一种"脏"的现象,是否有更深一层的含义。不少老人都与我说起过去年 11 月院里暴发诺如病毒①的事。老人身体抵抗力相对较差,传染起来很快。当时的 D 养老院,自理区的老人一个个都被隔离开,只准待在房间,由阿姨送饭,其他活动也一律取消。据有的老人说,病毒的源头就是那对老夫妻。经过这次事件,大部分老人都知道了病毒的厉害,也知道了讲卫生的重要性。再加上

---

① 诺如病毒是极具传染性的病毒,主要通过肠道传播,若是食用了带有污染性的食物或直接与感染者接触就有可能被传染,另外它也可通过被污染的物品、呕吐物、粪便等传播。症状为头痛发热畏寒、上吐下泻等。

附近社区卫生服务中心的医生每个季度都会来院里开展如"夏秋季肠道传染病防治"等健康宣教活动,提醒老人们注意卫生。事实上,当时诸如病毒暴发时,主要的受灾区是自理区,而失能、失智区则没人被感染。究其原因,主要是后两者基本都是护理员在管理老人的日常生活,很注意卫生,而自理区的老人则因有一定的自理能力,阿姨相对管理较少,故此出现了这类问题。可见,老人的"脏",从表面来看是无法管理自己的排泄物,但从更深层来说,则指向他们卫生观念的缺乏。

玛丽·道格拉斯认为身体排泄物之所以被认为是危险之物,是因为边缘地带都带有危险性,身体可以作为社会的象征,那么身体边缘也就成了社会的边缘,而排泄物即是从身体边缘直接流出的物体,自然被认为是危险的,且这种危险正是来自其非结构的力量。[1] 如果说原来传统观念上对排泄物"脏"的理解是因其非结构性的力量而带来的危险性,那么此时在D养老院,我们明显可以看到这种"脏"是来自现代卫生观念的定义,它指向的是病毒与细菌,也是在此基础上,这里的"脏"超越了屎尿等排泄物,延伸到老人本身及其日常生活的方方面面。因此,养老院里的消毒工作也就显得尤为重要。在《养老机构常规消毒一览表》中规定了养老院各个区域,如照护区、食堂、后勤等处的消毒制度,包括产品使用、消毒浓度、消毒方法、消毒频次等。仅以照护区的老人居室为例,日常消毒物品包括口杯、面巾脚巾、面盆脚盆、便器、床套等,分别用不同浓度的有效氯消毒液消毒,基本都是每周一次。此外,勤洗手也成了养老院工作人员的"职业病"。记得第一次去养老院时,工作人员带着我参观自理区,有老人

---

① 参考[英]道格拉斯:《洁净与危险》,黄剑波、柳博赟、卢忱译,民族出版社2008年版,第143—159页。

过来握手，从自理区出去之后，这位工作人员很自然就拐到一旁的洗手间洗了手，并跟我说已经习惯了，出于保护其他老人也出于保护自己。后来我自己在养老院待久了也会这样做。

从打扫卫生及消毒的频率来说，D养老院确实很干净，甚至可能比普通人家家里都还要干净。不少护理员都与我说过，他们自己家里都没这么干净，平时自己家能打扫一下就不错了，更别说每天消毒了。当老人的"脏"仅仅被视为是一个技术层面的卫生问题，消毒液的味道就可以很好地给住在这里的老人、留在这里工作的工作人员以安全感。

身体的"不值钱"

我最初意识到老年人身体的"不值钱"，是在调查中遇到老人 M 和老人 X，他们在面对逐渐失能的身体时认为没有必要再花钱去治疗。简单而言，他们觉得自己的身体已经没有价值，不值得再做更多投入了。那么，这种自我身体的价值感究竟是怎么被瓦解的？

6月3日下午，我走进了失能区老人的公共浴室。这是我第一次看到护理员给老人洗澡，第一次看到这些摇摇欲坠的衰老的躯体。走进浴室时，三位老人正在洗澡，她们赤裸着身子坐在凳子上，三位护理员则帮她们打沐浴露、擦身。过了会儿老人们被扶着站了起来，她们抓着扶手，护理员再帮她们冲掉全身的泡沫。老人 M 最先洗好，她笑着朝我走来，护理员帮她擦干身子和头发并帮她穿上衣服。过了会儿老人 L 也洗好了，她看到我在，笑着说："哎呀，你怎么来了，不好意思的呀。"护理员纷纷打趣她的不好意思，她也乐得哈哈大笑。我站在里面有些局促，也有些难过。我局促的是我在光明正大地"观看"别人的隐私；我难过的是对于这种"观看"，老人们居然笑着接受了。她们好像已经习惯了没有身体隐私的生活，但这个习惯的过程又有多漫长？

老人 M 原本和老伴住在家里。一次她爬上梯子去衣橱里拿东西，一不小心摔了下来，疼得躺在地上不能动。子女把她送进医院后，当时已患有认知障碍症的老伴没人照顾，只好把老伴送进了养老院。至今她仍记得自己住院的日子是 9 月 6 日，老伴住进养老院的日子是 9 月 7 日。说到让护理员洗澡，她说刚来时候也不习惯，但现在大家一起洗也习惯了。她还提到自己刚进医院时，护工给她包尿布，她很不好意思。出院后她回家躺了五个月，五个月后仍不见好，又住院，半个月后再出院。她觉得摔了一跤，再加上之前脑梗后视力、听力都出了问题，自己身上已没有一处好的地方。她不想再麻烦子女，也住进了养老院。庆幸的是，她一个耳朵戴着助听器，虽然眼睛看不清，但还可以与人交流。而她的老伴原先一直由她照护，那时他不肯用尿布，在家里经常尿湿裤子或床单，她照顾得很辛苦。老伴一直不肯住养老院，老人 M 说，老伴被送进来之后就开始不说话了。现在，他因得了胆结石而无法站立走动，一天 24 小时都包着尿布，白天坐在电视机前看电视、打瞌睡，晚上则躺在床上发呆或睡觉。

援引这两位老人的例子，是因为他们身上汇集了 D 养老院绝大部分老人都有的身心体验，从身体的疾病到无法自理再到接受别人的照护并习以为常。那些身体曾体验过的巨大疼痛，那些无法再通过感官来达成的感受以及通过感受来感知的感官，让他们逐渐意识到这已不是自己所熟悉的那具可以听从自我指挥的身体，随之个人对身体的控制感、隐秘感也就顺其自然被逐步消解。身体不可逆的衰老逐渐蚕食着个人的身体感，身体成为他者。那么具体来说，这个他者又主要表现在哪些方面？

首先表现在对个人身体隐私部位的感受。上文也已有涉及老人对洗澡、包尿布等的适应问题，而这里要强调的是老人在最开始需要别人的协助来处理隐私部位问题时的心理。因为 D 养老院的护理员都是女性，所以男性老人在这方面遇到的问题更为突出。老人 P 住进 D 养老院后身体一直都还好，也能自理，而且每次见到他，他总是穿着衬衫马甲，头发也梳得整整齐齐。8 月份，他的肺病开始厉害起来，整天躺在床上，整个人瘦了一大圈。去医院前一天，周阿姨过去帮他擦身。擦完上半身，阿姨让他把下半身短裤也脱了，他不肯，并要阿姨把挤干的毛巾递给他，他自己擦。在阿姨的反复劝说下，他终于同意脱掉了短裤，阿姨第一次帮他擦了全身。① 老人 B 因脑梗住进 D 养老院，刚来的时候是全护理，但即便那时他也坚持自己擦下半身，后来身体虽逐渐恢复，但也已不能弯腰洗澡。周阿姨第一次去给他洗澡时，他一直穿着短裤洗，直到最后才脱下。第二次去洗时他还是没脱短裤，阿姨说等下湿掉了更不好脱，他这才脱了下来。② 当一个人发现自己失去了维护身体隐私部位的能力时，他要的不仅仅是与这具孱弱的躯体做斗争，更是与长年累月积淀在自己身体上的羞耻感做斗争。

　　除了带给老人颠覆性的心理斗争之外，这具陌生失控的身体，更直观的表现还在于外观上。衰老也在不断剥夺老人对自己身体外在形象的控制权。D 养老院失能区的老人很少照镜子，他们有的也早已丧失了照镜子的能力。老人 M 有一面从家里带来的圆镜，就放在床头柜上，但因白内障看不清，她几乎从未用过。9 月 25 日，她做了白内障手术。术后回来，她的眼睛变得清亮亮的，整个人也活泼起

---

①　访谈对象：周阿姨；访谈地点：健康楼二楼值班室；访谈时间：2019 年 9 月 15 日。
②　同上。

来。我去看她,她盯着自己的手跟我说:"以前看不清,怎么这个皮变这样了。"她又拿起镜子,看着镜子里的自己,摸了摸自己的脸,并说要女儿给她买瓶粉①来擦擦。她说一年没看清自己的模样,刚看到时吓了一跳,就好像刚回来时看清另一位老人脸上的老年斑一样。过了两天,她还专门带我去看走廊里贴着的照片,指着其中一张说那时候的自己脖子缩着,头发又那么短,"像个傻子"。那时她刚住进来没多久,头发也是在院里免费剪的,②她一直说着要办公室的人把这张照片换下来。接着又带我去看她后来的照片,头发变长了些,还烫卷了,她摸着自己卷卷的头发很是满意,并决定以后不在院里剪头发。

　　事实上院里对入住老人的外表清洁状况是有要求的:(1)眼、鼻、手、足、头清洁;(2)无长指(趾)甲、无长须;(3)衣着整洁无异味。③ 而民政局派人来检查时,检查项目包括五官是否擦洗干净、头发是否梳通、指甲是否干净,甚至手指、脚趾缝也会检查。可见,不管是出于老人自理方便还是护理员照护方便,就发型而言,短发成了最佳选择。于是,D养老院里的老人发型都差不多,男性多是寸头或光头,女性则基本都是短发。理发师在给老人们剪头发时,老人们除了长短之外很少有别的要求,有时阿姨们还会在一旁说"短一点,再短一点"。另外,为了穿脱方便,老人们的衣服裤子也多是宽松款式。衰老的身体开始趋于同质化。于是在D养老院,老人之间并没有明显的区隔,差不多的容貌,差不多的体态,让他们原本建立在各自文化资本之上的品位也很难在身体上展现,特别是在中度、重度失能或

---

① 指一般的面霜。
② 附近镇上有一家理发店每个月会派人来院里免费给老人理发。那天会特别热闹,几乎所有老人都会来排队理发。
③ 根据D养老院发给员工的《养老机构服务质量检测指标》。

失智老人身上。在这个场域中,老人们不管是来自城市还是农村,不管以前是教师、工程师、工人还是农民,他们都成了这个场域中的"被统治者",布尔迪厄认为的体现着等级趣味的身体也在一定程度上被消解了。①

如果说被迫暴露身体隐私部位的羞耻感更多是来自个体内部的斗争,通常很难为外人察觉,那么老人对外在形象的管理,则可以说是显在地呈现出老人对这具身体主体感的强弱程度。可以说,老人身体的"不值钱"最直观的表现即在于他们"放弃"了自我身体外观上的管理权,他们开始习惯每天与其他老人一样"不修边幅",习惯由阿姨们护理身体的隐私部位。而这种"放弃",实则是他们面对这具充满他者感的身体所丧失的主体感、尊严感,以及随之而来的无法达成的自我认同。在这种强烈的身体他者感的驱使下,所谓自我的身体的价值感自然也就逐渐被瓦解了。

而更为遗憾的是,当老人认为自己"不值钱"时,他们的子女也常常是这样认为的。医学在衰老面前的溃败不仅影响到老人,也影响到整个社会对衰老的认知:可以延缓,无法治愈。于是各种延缓衰老的技术与产品盛行,人们会尽早开始保养或进行各种手术,以使身体最大限度地处于"保鲜"状态。而一旦达到医学技术都无法治疗或治疗性价比不高时,这具身体,就像住进 D 养老院的大部分老人的身体一样,被家人也被老人自己搁置了。据我观察,老人们在确认自己是否有价值时往往都是很被动的,他们需要家人不断鼓励,甚至需要家人"强行"塞给他一种"你值得"的观念。老人 M 眼睛看不清,是在她外甥的强烈要求下,她儿子女儿才带她去医院动了手术。老人 X 耳

---

① 参考［法］皮埃尔·布尔迪厄:《区分:判断力的社会批判(上)》,刘晖译,商务印书馆 2015 年,第 275—356 页。

朵不好,在看到手术后的老人 M 与另一位老人散步走过她房间门口时,她流露出了一丝羡慕。我再次劝她去配个助听器,她说以前她孙子提过带她去配,那时候她不想要,随即她又说,他们现在也忙。当老人们本就觉得自己对子女而言已是无用之人,他们也就不会去向子女提出任何“过分”的要求。而当医疗技术的介入,衰老被过度医疗化,使衰老与疾病之间的界限愈加模糊,同时也使人们更易于在选择是否为老人治疗时摆脱内心道德的谴责而将之归因于技术的欠缺。

总结与讨论: 技术与尊严视阈下的身体感

老人的“脏”“不值钱”都可分为两个层面:其一是指向人的感受层面,这里的人既包括老人自身也包括周围的人,比如对排泄物等的生理反应、对衰老的无奈等;其二是指向医学话语的建构层面,比如“脏”与细菌、病毒之间的关联性,医学技术的高成本与老人治疗效果之间性价比的考量等,且这两个层面又互相影响。但就目前养老院强调“医养结合”及服务质量监测的各项制度来看,医学话语的介入将越来越多,而正是这种暧昧的介入状态,使老人的预期寿命虽然在延长,但同时延长的还有其丧失生理功能的时间、患上疾病的时间以及需要照护的时间。① 在这个延长的过程中,越来越多的老人自觉意识到自己的身体成为一个他者,也成为家人的负担。事实上,“脏”与“不值钱”这样的身体感并非养老院的老人独有。正如上文所说,养老院是现代性的产物,因此养老院里的老人体现出来的身体感恰恰有力说明了整个现代社会对老年人的态度,同时也反映出身体感背

---

① [美]阿图·葛文德:《最好的告别:关于衰老与死亡,你必须知道的常识》,彭小华译,浙江人民出版社 2015 年,第 23—34 页。

后的技术世界与为人的尊严之间的张力。

从技术层面来看,当衰老走出私人领域的家庭成为公共领域的社会问题,养老院也就应运而生了。汪民安在《我们时代的头发》里探讨了头发这个长在"身体上的植物"所具有的充满意味的半身体性,这种半身体性可以从两个层面来理解:从身体本身来看,它"是身体的产品,但不是绝对的身体本身","身体可以视它为一个多余物或剩余物";从人的主体性来看,头发又和身体"溶解于同一个自我之中",但事实上人对它的处理也没有绝对的主导性,而是经由发廊"使身体和社会联结起来,美学和政治在发廊中挂钩"。① 从某种程度上讲,老人也正如我们这个时代的头发,产生于这个时代却又可以为这个时代所"断然剪去",与此同时,养老院作为发廊的角色,作为"一个有序化和结构性的生产组织"②,对老人进行"裁剪",这种裁剪既是身体上也是心灵上的。但两者又有所不同,头发的主人可以以发型的形式彰显自己对某种制度的反叛甚至决裂,老人日益衰弱的身体则决定了他们只能接受这个场域安排的角色,并在极为有限的范围内表达主体性。具体而言,从养老院外部来看,它是现代社会维持秩序的手段;从其内部来看,它通过对医学技术的使用,建立起了一套面对不同老人、不同衰老程度的肉体的统一等级评估体系与服务项目体系。这套体系消弭了老人的性别、阶级之分,也消弭了老人身体的隐私性与整体性,继而使身体变为一具具可分解、可控制的肉身,正是在这样的背景下,老人作为"人"本身的存在极易被忽略。

由此又引出了尊严问题。这里的尊严具体而言指老人对自己身体的控制能力及由此达成的"我"的身体的主体感。老人对身体控制

① 汪民安:《身体、空间与后现代性》,江苏人民出版社 2015 年版,第 69、71、73 页。
② 汪民安:《身体、空间与后现代性》,江苏人民出版社 2015 年版,第 73 页。

能力的强弱很大程度上取决于医学技术这一抽象知识系统的发展程度及人们对它的反思性监控（reflective monitoring of action）。反思性监控指的是个体对自身、他人及所处社会的制度性背景的一种监控，即"行动者不仅监控着自己的活动流，还期望别人也如此监控着自身。他们还习以为常地监控着自己所处情境的社会特性与物理特性"①。于是，就自我的层面而言，自我成为一项反思性的工程，身体本身也成为反思的对象并成为"维持自我认同感的基本途径"②。值得注意并需要思考的是，对老人的身体进行反思性监控的主体是谁，因为这是老人主体感强弱的关键。有自我反思能力且有行动能力的老人可以通过对这类知识的应用达成身体的反思性监控，通过锻炼、调整饮食、吃药甚至手术等减缓身体的衰老速度，但这样的老人是少数，养老院里的大多数特别是那些已经没有反思能力或行动能力的老人，他们对身体进行反思性监控的主体早已由本人转向了养老院或子女。在此还需注意的是，养老院只能提供服务而不能行使决定权，所以一旦涉及服务范围之外的内容比如送医院或动手术，则需要监护人来决定，由此子女本身对衰老、医学技术等的认知，往往会对老人身体主体感的强弱及其生活质量的高低产生极大影响。但养老院又将老人隔离出了子女的日常生活，在缺乏主体性交流的基础上，子女往往对衰老的身体缺乏经验与认知，于是往往无法体察老人内心真实的想法。随着身体的老化，老人的想法越来越多地被禁锢在衰老的身体里，他们的主体感也越来越难以被自己感知到，所谓尊严

---

① ［英］安东尼·吉登斯：《社会的构成：结构化理论大纲》，李康、李猛译，生活·读书·新知三联书店 1998 年版，第 65 页。
② ［英］安东尼·吉登斯：《现代性与自我认同：现代晚期的自我与社会》，赵旭东、方文译，生活·读书·新知三联书店 1998 年版，第 111 页。

也就更加无从谈起。

在此我还想强调的是,对个人的尊严最具直接破坏意义的是建立在无法维护身体隐私部位基础之上的羞耻感。因护理员都是女性,这种羞耻感在男性老人身上体现得尤为明显:一方面是源于他对自己身体的失望,即"无法实现建构为理想自我的期望",且"'理想自我'是自我认同的核心部分",①于是自我认同在这里就会产生断裂,这也是我上文所说老人对将自己的身体视为他者的深层原因;另一方面理想自我的生成又与社会、文化的互动相关,不可避免地受到它们的规训。在中国传统儒家文化中,知耻是做人的标准、有德的表现,②特别是在男女关系上,儒家更是将之上升到了"男女有别"的礼的程度。③ 将男性老人身体的隐私部位暴露于女性护理员面前,对老人而言不仅是一种身体上的羞耻感,更是一种精神上的羞耻感。身体隐私部位唯有在最亲密的人之间才会互相敞开,"性"作为最隐秘的家庭内部的"秘密"通常也不会展示在家庭之外。就中国当下社会而言,"男女有别"的"礼"之层面的部分在某种程度上已经被消解,甚至"男女有别"这个词本身也成了性别平等诟病的对象,但人们对于"性"则仍有些讳莫如深。近两年随着儿童性侵案的曝光,社会对儿童性教育开始重视起来,但老年性教育则几乎仍是无人关注的边缘地带。④ 现代性对理性的强调,使得现代教育制度一直把与情感、情

---

① [英]安东尼·吉登斯:《现代性与自我认同:现代晚期的自我与社会》,赵旭东、方文译,生活·读书·新知三联书店1998年版,第74、75页。
② 参见颜峰:《论耻》,中南大学哲学系2012年,博士论文。
③ 刘舫:《"男女有别"新议》,上海交通大学经学文献研究中心编:《经学文献研究集刊》第16辑,上海古籍出版社2016年版,第279—291页。
④ 在知网以主题词分别输入"儿童、性教育"与"老年、性教育"进行搜索,发现与儿童性教育相关的文章共有1323篇,而与老人性教育相关的文章共23篇。当然这两者中都分别包含有与性教育无关的文章,但从整体来看,对儿童性教育的关注仍是大大高于老年人群体。查阅于2019年12月21日。

绪直接相连的"性"排除在外，^①而建立在自我反思性基础上的个人自然也就对"性"之带有羞耻感的种种更加隐而不谈了。于是面对性器官衰竭、暴露带来的羞耻感，老人唯有自己默默消化。

养老院里的老人对自己身体"脏"与"不值钱"的认知，与医学技术、医学话语的介入有极大关联，但因这介入更多地集中于老人的身体层面，而绝大多数老人又因身体的特殊性而无法在互动的基础上真正将之纳入自我认同中，因此这里的身体感往往显得表层、被动与消极。另一方面，养老院又将老人与子女、家庭、社会隔离开来，在以身体管理为主的环境下，老人内心真正的想法较难为外人所知，甚至可以说，他们自己在面对衰老的充满他者感的躯体时，本身也对正处于"磨合期"的身体充满了疑惑、挫败，而在缺乏日常沟通的前提下，他们的疑惑与挫败也就未能有效转变为改善其生活质量的契机与力量。老年人对自己的身体抱有的"脏"与"不值钱"的身体感，这种倾向消极的自我认知，向整个社会提出了质问，即现代社会究竟该如何对待身边的老年人，在强调技术的同时又该如何保证老年人的尊严。

---

① 参见［英］霭理士：《性心理学 上》，潘光旦译，山东文艺出版社 2018 年版，第 114—153 页。

第五讲　全球化时代的族群协商与二元文化主义

——以新西兰的社会契约为例①

丁　玫

　　20 世纪 70 年代的反殖民主义浪潮促使很多前殖民地国家重新思考其国内的族群关系,例如加拿大、澳大利亚和新西兰。为了协调国内的欧洲移民后裔与土著群体、少数族群之间的关系,以加拿大、澳大利亚和新西兰为代表的国家都采纳了多元文化主义(multiculturalism)。多元文化主义的内涵并非同质,而是在每个国家的具体语境中有不同的实践。本文在文献研究的基础上,以新西兰政府与毛利人签订的《怀唐伊条约》(*Waitangi Treaty*)以及相应的二元文化主义政策为例,力图从毛利人的本土视角出发,讨论新西兰在英国殖民时期所签订的《怀唐伊条约》在后殖民主义时期被接纳和沿用的原因,分析这项社会契约对当代新西兰国内族群关系(即二元文化主义)起到的调节和促进作用。

新西兰族群关系协商的基础

　　新西兰(毛利语:Aotearoa,英语:New Zealand)通常被认为是族群关系最和谐的国家之一。除了 19 世纪 40 年代和 60 年代的战争,20 世纪以后,新西兰国内基本没有产生严重的族群冲突。新西兰国内有多个族群,包括毛利人(Maori)、欧洲移民后裔(Pakeha)、太平洋岛国居民

---

① 本文初刊于《世界民族》(2018 年第 4 期),题为"族群关系的协商——新西兰的社会契约与二元文化主义",此为修订版,文字有所增删。

(Pasifika)以及人口逐渐增长的亚洲移民(Asian migrants)。相对和谐的族群关系主要源自新西兰政府(the Crown,同时指历史上的英国皇室)和毛利人之间的不断协商。新西兰政府比较重视因殖民历史影响的毛利人生存现状问题,这在很大程度上让毛利人感受到作为土著居民所享有的尊严和权利。同时,新西兰政府对毛利人权益的保护,进一步促使该国包括亚洲移民、穆斯林群体等其他边缘群体的权益得到重视,在一定程度上减少了由于欧洲移民后裔的族群中心主义所产生的问题。

一般来说,殖民政府与原住民签订的不平等条约,在反帝反殖民、民族独立运动的语境中,理应得到废止。然而,新西兰的《怀唐伊条约》不但没有被废除,反而成为新西兰独立之后所遵循的立国宪法。在毛利人的主动参与和推动之下,欧洲移民后裔和新西兰政府最终同意承认《怀唐伊条约》作为新西兰立国之本。

《怀唐伊条约》由当时的英国皇室与大约 500 位毛利酋长于 1840 年共同签署。在 19 世纪中叶,随着英国在新西兰移民数量的增加,移民与土著毛利居民之间的土地纷争日渐激烈,为了维护英国移民的利益,并通过获取土地权对新西兰进行殖民统治,[1]《怀唐伊条约》应运而生,其主要目的在于将新西兰纳入英国管控范围之中。条约的主要内容包括三个方面:首先,毛利酋长同意将新西兰的主权(sovereignty)转交给英国皇室;第二,英国皇室同意毛利酋长按照其意愿,保留对原有土地、森林、海洋河流湖泊等的使用权,为了确保毛利人不会被第三方移民群体榨取利益,如果酋长愿意卖掉其使用权,则只能卖给英国皇室;第三,英国皇室给予毛利人英国属民身份(British

---

[1] Howe, Kerry. Postcolonial redemption in New Zealand: Treaty and tribunal in context. in *22 Windsor Y.B. Access Just*, 2003, pp.99 - 117.

subject)。然而,《怀唐伊条约》的原文是英文,除了有多种版本以外,还缺少完善的毛利语版。毛利酋长在签约之时,很多人是在英文版本上签的字,由于语言的局限性,酋长对条约中的内容了解并不深刻。目前,对于《怀唐伊条约》的主要争议就出现在两种语言、文化对诸多条约内容的理解分歧上,以及由此造成的权利不对等问题,特别是关于"主权"概念的不同理解。既然《怀唐伊条约》的产生具有明显的殖民色彩,为什么它还能成为当代新西兰社会毛利人与欧洲移民后裔之间共识的基础?

在1970年代国际去殖民化浪潮中,新西兰逐渐摆脱殖民的影响;与此同时,拥有殖民地的资本主义国家为了缓和历史上的种族和族群之间的不平等关系,不同程度地在所属殖民地采用了多元文化主义。然而,毛利人在目睹了邻国澳大利亚的多元文化主义给土著居民带来的负面影响后,敦促新西兰政府根据《怀唐伊条约》的约定,呼吁建立欧洲移民后裔与毛利人之间的对等地位。[①] 毛利人为此不断与政府协商,努力争取自身权利,为《怀唐伊条约》赋予新含义:契约所体现的二元文化,保证毛利人作为新西兰土著民族的利益和尊严;尊重毛利人的文化观,与欧洲后裔和其他移民群体建立"亲属关系",促进相对平等与和谐的族群关系。虽然二元文化主义代替了多元文化主义,但它本身并不完美,在实施过程中不能真正惠及毛利人群体。

族群、标识与后殖民社会

当下多数发达国家在处理族群关系时,都在不同程度上实行多

---

① 需要指出,社会契约的理论来源于欧洲中心主义理念。

元文化主义。例如,加拿大和澳大利亚官方实行多元文化政策,英国和德国在处理文化事务时采用非正式的多元文化立场。多元文化主义产生于 1970 年代的去殖民化运动。在殖民主义理念盛行的时期,以欧洲主体族群或者欧洲移民后裔为主的政府,通常对"他者群体"实行同化政策。这种同化既针对土著族群,也针对外来欧洲后裔移民①和亚洲移民。因此,多元文化主义的主要目的在于解决殖民时期的种族和族群歧视问题,从这个层面而言,多元文化主义的实施是一个划时代的重要举措,对曾经的殖民地国家促进多数与少数族群之间的平等起到积极作用。然而,多元文化主义作为一种理想化的理念在不同国家实施之时,面临诸多具体问题。例如,多元文化主义在加拿大和澳大利亚都遭遇困境。虽然加拿大政府比澳大利亚政府更加积极地承认本国土著族群的权利和地位,但也面临与澳政府同样的挑战。其原因在于:这两个国家所实践的多元文化主义主要针对外来移民,即允许来自不同国家、文化和族群背景的移民保持和发展自己的文化。换言之,这两国的多元文化主义的问题在于,将本国的土著族群与外来移民放置在同一个政策平台之上。以澳大利亚为例,看似平等的多元文化主义并没有解决土著族群的历史遗留问题,也没有解决土著族群所面临的现实问题。结果,澳大利亚的多元文化主义广受诟病,成为政府逃避对土著族群承担应有责任的借口。在澳大利亚,外来移民被统称为族裔群体(族群,ethnic groups),土著人被称为 aboriginals。然而,作为澳洲主体族群的英国后裔群体在语言表述上却没有任何分类,统称为 Australians,尽管英国后裔当中也包括英格兰、苏格兰、威尔士和爱尔兰等多样认同,但在澳大利

---

① 对于英国殖民地,这里主要指非英国后裔。

亚的英语分类中,英国后裔的多元身份认同并不体现在族群的范畴中,他们是"无标识"①的族群。"有标识"对应的是"他者",而"无标识"对应的是"我族群"。"我族群"与"他者"的区别并不仅仅是差异,它更多反映了权利上的不平等。例如在上述澳大利亚的族群分类当中,无论在殖民时期还是在当下的政府中,占主导地位的英国移民后裔是"无标识"的族群,而作为"第一民族"(first nation)②的土著人却成为"有标识"族群之一。由此可以看出,澳大利亚奉行的多元文化主义是以"有标识"族群为对象,这样就产生了两个问题:第一,英国移民后裔既有的优越地位和权力没有受到任何质疑,而以这个群体为代表的主流社会对历史遗留问题基本保持沉默;第二,把土著族群和其他近代外来移民放在同一个分类系统中,在一定程度上为澳大利亚逃避对土著族群的责任提供了可能性。

新西兰在进入去殖民化时期后也面临与澳大利亚政府同样的问题,即如何处理国内的多样性族群关系,包括:欧洲移民后裔与土著毛利人的关系,新西兰政府与太平洋岛国移民之间的关系,政府、欧洲移民后裔、毛利人与数量日益增长的亚洲移民之间的关系。新西兰不同于澳大利亚,它采取的主导策略是二元文化主义(biculturalism)。二

---

① "有标识"(marked)与"无标识"(unmarked)是从语言学衍生出的概念。在语言学当中,"无标识"指的是母语学习,而"有标识"则针对外语学习,母语对于学习者而言是自然而然,但外语则是有诸多的不同分类和差异,因此而成为"有标识"。这个概念延伸到族群理论当中,就成为我族群是"无标识"民族,而他族群则是"有标识"民族的差别。关于语言学中"有标识"与"无标识"概念的论述,参见 Haspelmanth, Martin. Against markedness (and what to replace it with). *Journal of Linguistics*, 2006, vol. 42, issue 1, pp.25 - 70。关于这组概念如何在中国话语中运用,请看纳日碧力戈:《以名辅实和以实正名:中国民族问题的"非问题处理"》,载《探索与争鸣》2014 年第 3 期。

② "第一民族"主要用于美国、加拿大、新西兰等国,通常指该国家/地区历史上最早的人类居住群体。"第一民族"概念也是这几个国家的土著族群的语言中对自我群体的称呼。

元文化主义主要针对新西兰国内两大主体族群：毛利人和英国后裔为主的欧洲移民。二元文化主义成为当下新西兰社会的主导政策，有其历史因素。新西兰于 1907 年独立，但 1840 年签订的《怀唐伊条约》被认定为立国根基，而且该条约的签订之日也被追认为新西兰的建国日。虽然《怀唐伊条约》是殖民时代的产物，其中存在诸多不平等，但是很多毛利人认为，该条约是保持自己的土著居民地位(te tangata whenua)和维护群体利益的重要依据，也可以用来不断提醒欧洲后裔，让他们不忘历史，避免重复殖民时期的欧洲中心主义。毛利语中 te tangata whenua 的意思是新西兰最早的居民，强调主人身份，与之相对，其他后来移民族群，包括签订条约的欧洲后裔等都是客人身份。[①] 进入 1970 年代以后，《怀唐伊条约》逐步摆脱了不平等协议的阴影，成为新西兰政府用来处理历史遗留问题的有效抓手，也成为毛利人用来争取群体权利的新的社会契约。

社会契约理论与问题

毛利人原有的社会组织形式并不依赖来自西方社会的契约。在英国殖民者进入新西兰之前，各部落由酋长统领。他们的酋长就是韦伯所说的"卡里斯马"精神领袖(Charismatic Authority)。选酋长要根据候选人和部落图腾之间的谱系，当选酋长者要有能力证明自己的法力。在英国殖民者进入新西兰之前，毛利部落的酋长制度与

---

① Hale Levine. Status rivalry and the politics of biculturalism in contemporary aotearoa New Zealand. *Oceania*, 2016, vol. 86, issue 2, pp.174 - 185.

英国皇权和"现代"国家官僚制度体系迥异。① 由于毛利人的酋长制度与英国皇室的中央集权制度不对应,签订《怀唐伊条约》时英国皇室与多个毛利部落的酋长进行了协商。毛利人为了和英国皇室相对应,于 1858 年(即条约签订后的第 18 年)选出了毛利人自己的"皇室",并选举产生了第一任毛利国王 Potatau Te Wherowhero。然而,新产生的毛利皇室与当时的英国皇室不同,没有对毛利人的实际生活产生直接影响,只是在形式上与英国皇室相对应,其作用主要是象征性的。从毛利国王的选任可以看出,毛利人所理解的契约社会是双方地位对等。

社会契约(social contract)理论对国家建构和族群关系有重要影响。从 17 到 19 世纪,社会契约概念在欧洲广受欢迎,重要的理论代表有法国的卢梭和英国的洛克。在 19 世纪中期以英国为主的对外扩张殖民体系中,社会契约论成为占主导地位的政治理念之一,它不仅应用于本国境内,还同时被拓展到处理殖民者与当地土著居民的关系中。卢梭与洛克的社会契约论在一定程度上都根植于上帝赋予人权利这个理念。洛克认为,人有上帝赋予的自然状态(state of nature),包括生命、食品、对物的所有权等,但是人也会为索取自己的身外之物而损害他人利益,进而陷入冲突中;为了避免冲突(state of war)和由此引起的生命危险,人需要生活在社会中,而社会需要有法律,但这个社会契约最终是由上帝赋予的,契约的决策者也是上

---

① 但正如韦伯在《经济与社会》中所言,类似于酋长的卡里斯马领导也会随着殖民主义、全球化等过程而最终进入资本主义社会的官僚体制中(bureaucratic system),在后者,酋长逐渐成为阶级、阶层的代表,进而有了群体内部制度化的等级之分。Weber, Max. *Economy and Society: An Outline of Interpretive Sociology.* University of California Press, 1978,pp.956 - 1212.

帝。^① 但是洛克在讨论人的自然状态时,他并没有否定人与人之间的奴役关系。他认为,奴役的存在并没有剥夺奴隶的生命,也就是说最根本的、人的自然状态仍然是属于奴隶自己的,他可以用一定代价赎身或离开奴隶主。^② 如果奴役制度超出奴隶所承受的范围,作为抵抗,奴隶可以选择死亡。洛克关注社会演进,讨论了社会如何成为可能,探讨政府的出现最终可以使人获得上帝赋予的自然状态。然而这种演进视角的问题是,它对社会的理解基于基督教的神学理念,基督教理念成为"普遍的"社会标准,在这个标准下,殖民地非基督教地区的社会成为潜在的"不合法"的"前社会",而这些都在一定程度上促进殖民话语合法化。

卢梭的社会契约理念也始于人的自然状态,卢梭所说的"人的自然状态"与洛克不同,指的是人生来自由平等。他的社会契约论要回答的问题是,既然人生来平等,为什么阶级社会中人会有等级差别?这些不平等是如何造成的?卢梭所说的社会契约不是由上帝赋予的。根据他所生活的社会现实,卢梭指出现有社会契约的欺骗性,这些契约大多为富有阶层服务,而当这些契约进入社会体制中运行以后,穷人则必须接受,由此使得社会不公平进一步加深。根据这样的社会现实,卢梭提出,应当通过对政治和社会的理性认知来实现人的平等自由,即通过改变社会契约来实现这一目标。卢梭提出,一个理想的社会应该是社区式(communitarian society)的社会,在这样的社会当中,个

---

① Locke, John. *Second Treaties of Government*. Hackett Publishing Company, 1980, pp.4 - 55.
② Locke, John. *Second Treaties of Government*. Hackett Publishing Company, 1980, pp.41 - 42.

体的人作为公民而存在,公民的责任和义务超越个体的自由和权利。[①]也就是说,社会契约的最终目的在于创建一个基于道德的、共识性的社会政治体(consensual polity)。卢梭的社会契约不是建立在某个统治阶层和被统治阶级之间,而是面对人本身,他指出,一个有效的社会契约必须是双方都平等获益,即人们能够决定自身的权益。[②] 卢梭的理念也是一种理想化的模式,其前提是假定人没有阶级、族群、性别之分。但现实并非如此,特别是在殖民语境中,契约签订双方是殖民者与被殖民群体,这两者之间直接涉及权利、地位、阶级、族群、性别的不平等,因此这样的契约不可能让双方平等获益。与洛克类似,卢梭的社会契约也是基于基督教的神学理念模式,即从伊甸园到人性的坠落再到救赎,按照这个逻辑,卢梭认为通过合理的社会契约,人与社会都会向更好的、更健康的方向演进,实现救赎。

从洛克与卢梭的理论中可以看到,社会契约理论受到进化论的直接影响,社会契约的一个重要前提是“社会”按照发展阶段分为两种形式:低级的称为“前社会”(pre-society),而高级的则是“社会”(society)。这种划分与 19 世纪欧洲的现代化话语相配合,“前社会”因此成为“前现代”,而“社会”则与“现代”相匹配。19 世纪流行的社会契约理念认为,从世袭的社会领导地位(例如酋长)发展到契约,这个过程是社会从低级到高级进步的标志,契约是进入现代社会的标志。依据这个理念,在英国对新西兰的殖民历史中,由于现代社会的标准被设定为契约的形式,以毛利人部落和酋长为组织形式的社会

---

① Dunn, Susan. *Introduction: Rousseau's Political Triptych*, *The Social Contract and The First and Second Discourses*. Yale University Press, 2002, pp.1 - 36.

② Rousseau, Jean-Jacques. *The Social Contract and The First and Second Discourses*. Yale University Press, 2002.

就被划归为前现代的"前社会"。换句话说,社会契约理念本身就带有欧洲中心主义的视角,虽然契约的签订理论上本着双方达成共识(consent)的愿望,但实际上,处于"前现代""前社会"阶段的毛利人是否有能力做出判断,成为社会契约所质疑的关键。

虽然洛克的社会契约基于个体,但问题是,这些个体并不是没有性别、社会阶层、教育背景、族群归属差异的"理想型"个体,因此,在现实生活中,自由主义所支持的个人选择自由,由于性别、社会阶层等方面的制约并不能实现。与洛克不同,卢梭的社会契约来源于阶级,因此群体是契约中的一个重要因素。然而卢梭讨论的群体仍然是没有族群差异,也没有性别差异的群体,他所讨论的社会也是"自然"设定的父权社会。因此,社会契约理念带有欧洲中心主义和父权制度的预设。按照这样的理念,在英国皇室与诸多毛利部落签订《怀唐伊条约》的时候,毛利女性基本被排除在外,甚至有的毛利部落中德高望重的女性长者也被英国皇室拒绝参与条约签订,最终导致这些部落被排除在契约之外。[1] 也就是说,社会契约所主张的取得毛利人的共识并没有真正实现。

社会契约理念虽然受到启蒙主义的影响,探讨人的自由平等,这让人作为主体重新回到舞台,但社会契约并不是本着契约双方达成共识、价值中立或者与族群背景无关的平等契约;相反,社会契约与阶级、族群身份、性别差异等因素密切联系在一起,在殖民语境中,社会契约直接与殖民者的政治、经济诉求相关联。

在最初的《怀唐伊条约》中,契约双方是毛利人与英国皇室。然而当1907年新西兰独立建国之后,契约双方的称谓并没有因此改变。虽然新西兰仍然留在英联邦国家(the Commonwealth of Nations)这个形

---

[1] Seuffert, Nan. Contract, consent and imperialism in New Zealand's founding narrative. *Law and History*, 2015, issue 2, pp.1-31.

式上的共同体中,英国皇室对新西兰的国内事务不再有直接的管理权,但是新西兰的法律、官方语言以及毛利人群体中仍然使用 the Crown 这个概念。首先,1907 年以后,新西兰的殖民主义虽然在形式上有所减弱,但其实质内涵并没有发生重大变化,这种情况一直延续到 1970 年代,因此 the Crown 概念的使用是毛利人对新西兰社会历史延续性的理解;另外,the Crown 已经成为一个象征符号,代表欧洲后裔为主体的政府,虽然从以前的英国皇室过渡到新西兰政府,但是从毛利人的视角而言,这种过渡并不是两个完全割裂的阶段,而是一种历史的延续。虽然殖民主义已经成为过去,但毛利人群体所面临的现实问题与历史不可分割。The Crown 的延续使用是毛利人对殖民历史的集体记忆,更加明确了毛利人与欧洲移民后裔之间建立在契约之上的族群关系。

自 1970 年代以来,在毛利人与政府不断协商下,新西兰政府决定取消同化政策,承认《怀唐伊条约》所代表的毛利人与欧洲移民后裔之间的平等地位,《怀唐伊条约》就此成为当代新西兰国家认同的重要基础。[1] 新西兰族群关系的处理基本遵循了契约精神,而官方对《怀唐伊条约》的承认,在很大程度上成为毛利人与欧洲移民后裔在新西兰相对和谐共生的保证。

"新西兰"的本土知识与族群关系

《怀唐伊条约》的一个重要作用是它连接了两种截然不同的知识体系和历史记忆,促成了欧洲后裔和毛利人达成共识。"新西兰"译

---

[1] Hickey, Maureen. Negotiating history: Crown apologies in New Zealand's historical treaty of Waitangi settlements. *Public History Review*, 2006, issue 13, pp.108-124.

自英语,浓缩了 17 世纪欧洲航海探险发现的历史。和北美洲的发现一样,新西兰是欧洲资本主义殖民扩张、航海发现时期的一个典型。1642 年,荷兰的航海家塔斯曼(Abel Tasman)在对南太平地区的航海探险中"发现"了新西兰,由于新西兰由岛屿和半岛组成,很像荷兰的 Zeeland 省,因此塔斯曼将其命名为 New Zealand,即英语中的新西兰。

　　然而在毛利语当中,"新西兰"是 Aotearoa,意为"一朵长而白的云"。Aotearoa 来源于毛利人历史悠久的口头传说,讲的是毛利人的祖先 Kupe 划着 waka(木头制作用来航海的舟)在大海中航行,发现了这片土地。后来 Kupe 带着同伴,靠着对星辰知识的了解,通过天象的指引再次历经风险登上了这片土地,由于"新西兰"的形状仿佛一片长而白的云,就此命名为 Aotearoa。关于新西兰的地理构成,在英语中新西兰由北岛(North Island)和南岛(South Island)两大部分组成,这个区分是根据现代地理科学而界定的,与两个岛的位置与地质年代等直接相关。而在毛利神话中,一位名为 Maui 的神和他的兄弟们在 waka 上钓鱼,这个船就是南岛;他们钓上一条很大的鱼,这条鱼就是北岛,因此在毛利语中北岛叫作"Maui 的鱼"(Te Ika-a-Maui)。[①] 如果按照列维-斯特劳斯对图腾的理解,这个神话说的不仅仅是一种象征,而是反映了毛利人的祖先如何与当地的自然环境相处(渔猎)——这个实际存在的关系。[②] 毛利人与欧洲移民所认识

---

① 也有另外的版本认为,如果按照毛利人从波利尼西亚向南航行最终抵达新西兰的说法,毛利人的祖先先到达了北岛,北岛象征着一条船,然后"钓到"了南岛,南岛是一条"鱼"。这个版本多数为欧洲后裔所接受,因为更符合毛利人祖先从波利尼西亚自北向南划行的逻辑顺序,但很多毛利人认为两种传说都有可能性。

② 列维-斯特劳斯在《图腾制度》一书中指出,作为信仰的图腾其实并不存在,图腾不仅仅是象征符号,而的确反映了具体存在的实在关系,特别是人与自然的关系。参见 Lévi-Strauss, Claude. *Totemism*. Translated by Rodney Needham, Marlin Press, 1962, pp.87 - 89。

的新西兰是基于两种差别很大的知识体系,对毛利人而言,新西兰(Aotearoa)是每个人和祖先相互关联的地方,毛利人将自己的宗族系统称为 papa①(genealogy 英文 / whakapapa 毛利语),这个词的本义是大地母亲神,也就是说,所有的毛利人都是从新西兰(Aotearoa)这片土地出生。正如萨林斯指出,毛利人的"我"不是个体的我(I),而是我中有你、你中有我的,作为个人与群体、人与土地之间的"亲属关系中的我"(kinship I)。② 然而 19 世纪的英国殖民者有着截然不同的视角,土地和资源已然从"亲属关系"以及神圣性中脱离,而成为资本主义物化和商品化的对象,土地和资源成为拓展资本主义市场的主要方式。资本主义经济扩张最终将社会与自然对立了起来。

然而,这两种截然不同,甚至在历史上有所冲突的观点并非完全不可调和,在当代的新西兰社会,英国移民后裔和毛利人族群关系的协商具有理论基础,即毛利人的本土观念——对于"亲属关系"(kinship)的理解。毛利人所说的亲属关系,并不仅限于家庭、血缘关系的亲属,而是萨林斯所指出的"互为存在"(mutuality of being)。回到毛利人概念的 papa,萨林斯指出一个非常重要的问题,③即:通过与土著族群分享共同的土地、资源、饮食等,外来移民群体也开始具有毛利人的"部分"(part),从这个意义上说,这些移民群体与毛利

---

① 新西兰国家博物馆的名称为 Te Papa,其意思就是从祖先到现在的一个"宗族系统",因此也是毛利人视角下的历史的概念。然而,毛利人概念中的这个"宗族",不是局限于家庭为单位的亲属关系,而是从毛利人的视角出发的个人与群体、个人与自然、族群与族群之间的密切关系,也就是萨林斯所说的"互为存在"(mutuality of being)。

② Sahlins, Marshall. What kinship is —— Culture. *What Kinship Is and Is Not*. The University of Chicago Press, 2013, pp.1 - 61.

③ 萨林斯具体的论述参见 Sahlins, Marshall. What kinship is —— Culture. *What Kinship Is and Is Not*. The University of Chicago Press, 2013, p.6.

人逐渐建立起"亲属关系",而成为被接纳的、具有亲属关系的本土人。也就是说,当代新西兰社会建立在尊重毛利人土著居民地位的基础上,使用毛利人对"亲属关系"的理解,促成两大主体族群之间互为存在的共生关系。比如在新西兰旅游局的官方网站上,对于新西兰及其族群关系的表述如下:

> 北岛是新西兰的开始,这里是毛利人的祖先 Kupe 划着船最早到达的地方,随后 Kupe 带领着一行人划着传说中著名的船,名叫 Ngatokimatawhaorua,抵达新西兰……现在 Ngatokimatawhaorua 的复制品停泊在当年毛利酋长和英国皇室所签订《怀唐伊条约》的旧址附近。这艘船象征着不畏风险、勇往直前而最早抵达新西兰的两个族群(毛利人和欧洲后裔),在今天,这艘船象征着两个族群共同合作、彼此尊重的旅程。[1]

这段表述表明,毛利人与欧洲移民后裔之间彼此独立的历史有了关联,而这个关联建立在毛利人的传说——神圣的 Ngatokimatawhaorua 船上。这艘船成为两个族群的共同象征。首先,无论是传说还是航行日记,毛利人与欧洲移民后裔都是从海上航行而来;当欧洲移民后裔登上新西兰的土地,就开始与毛利人建立契约关系,这也是 Ngatokimatawhaorua 停泊在《怀唐伊条约》签订地旧址的意义所在,通过承认和尊重毛利人作为土著族群的地位,两个群体继而可以同舟共济。《怀唐伊条约》成为毛利人和欧洲移民后裔之间的重要历史对接点,以史为鉴,在新的族群关系建构中,《怀唐伊条约》开始

---

① 原文请见 http://www.newzealand.com/int/feature/where-new-zealand-began/。

强调契约双方的对等,尊重毛利人的土著地位。

　　毛利人与欧洲移民后裔对新西兰这片土地有不同的记忆和不同的解释,对于土著族群毛利人而言,新西兰既是祖先的土地,也是他们与外来族群、文化相碰撞的地方。[①] 在新西兰的欧洲移民后裔被称作 Pakeha,这个名称来源于毛利语。新西兰的欧洲移民后裔也通常自称为 Pakeha,[②]因为 Maori 和 Pakeha 是新西兰社会中相对应的族群身份;当欧洲移民后裔个体使用 Pakeha 身份认同时,多数情况下同时指向人们对毛利土著地位的承认。当然,Pakeha 这个身份也受到一些新西兰欧洲移民后裔的质疑,一些人认为 Pakeha 是来自毛利人的蔑称,因此他们更乐意称自己为"新西兰人"(New Zealanders/Kiwi)。也有毛利人认为,Pakeha 并没有蔑称的意思,它只是相对毛利人的一个身份,在一定程度上 Pakeha 可以理解为"外来移民",因此有时候其他的外来移民,比如亚洲移民,也可以被称为 Pakeha。

　　Pakeha 身份从新西兰的欧洲移民后裔拓展到亚洲移民群体并不是简单的概念延伸,而是反映出毛利人对新西兰社会的重新思考,即在不断变动的社会中维护自己作为土著居民的权益。Pakeha 概念的拓展也体现出在逐渐多元的新西兰社会中,毛利人与欧洲移民后裔之间的族群关系,以及在此基础上毛利人与其他移民族群的关系。这个过程反映了毛利人对多元文化主义的批判接纳,也是新西兰社

---

① Bennett, Simon T. and James Liu H. Historical trajectories for reclaiming an indigenous identity in mental health interventions for Aotearoa/New Zealand —— Māori values, biculturalism, and multiculturalism. *International Journal of Intercultural Relations* (In Press), 2017.

② 文章这里讨论毛利人视角下 Pakeha 概念,然而欧洲后裔移民(特别是英国移民)在不同的历史时期对 Pakeha 身份的历史理解也有不同,主要是从白人/英国人种优势理念转换为新西兰本土化特色的、与毛利人紧密相连的概念。具体请参考文章:Belich, James. Myth, race and identity in New Zealand. *The New Zealand Journal of History*, 1997, vol. 31, issue 1, pp.9 - 22。

会最终走向二元文化主义的缘由。

二元文化主义在新西兰的发展

从 1970 年代开始,毛利人要求尊重《怀唐伊条约》的诉求最终得到了新西兰政府的重视。新西兰政府在多种社会因素影响之下决定放弃同化政策,这些因素包括全球反殖民主义浪潮、新西兰国内少数族群与主体族群之间的融合等。[①] 但是推动政府放弃同化政策的最重要动力来源于毛利人自 1960 年以来的抗争与协商,[②]当然这也与新西兰国内同时期的族群人口变化有一定关联。二战之后(1960—1975),新西兰有来自太平洋岛国的移民约 6 万人,在 1975—1995 年的 20 年当中,这个数字还在飞速增长。根据 2006 年的新西兰人口普查数据,来自太平洋岛国的人口已经有大约 27 万,占总人口比例的 6.6%,[③]而毛利人占总人口的 14%。从两个数字的比较上可以看到,来自太平洋岛国的移民人口占相当比例。太平洋岛国的移民大多数与毛利人有族群亲缘关系,包括来自萨摩亚、瓦努阿图、斐济、巴布亚新几内亚等邻近岛国的居民,这些移民被统称为 Pasifika,或者 Pacific Islanders。二战后新西兰国内工业发展对劳动力需求的增长,直接促使新西兰政府从周边太平洋岛国各国大量引进劳动力型移民(labour migrants)。太平洋岛国的移民与毛利人在争取平等的

---

① Harding, Jessica F. Chris G. Sibley, and Andrew Robertson. New Zealand = Maori, New Zealand = Bicultural: Ethnic group differences in a national sample of Maori and Europeans. *Social Indicators Research*, 2011, vol.100, issue 1, pp.137 - 148.

② Hill, Richard. Fitting multiculturalism into biculturalism: Maori-pasifika relations in New Zealand from the 1960s. *Ethnohistory*, 2010, vol. 57, issue 2, pp.291 - 319.

③ Hill, Richard. Fitting multiculturalism into biculturalism: Maori-pasifika relations in New Zealand from the 1960s. *Ethnohistory*, 2010, vol. 57, issue 2, pp.291 - 319.

社会经济地位等方面有诸多共同点,同时,对于土地与土著居民的紧密关联,他们与毛利人有着基本一致的理解。因此,这部分移民的加入,对毛利人争取平等地位、协调与欧洲移民后裔的关系有重要作用。在1970年代的国际话语中,阶级无疑是一个重要概念。多数毛利人与太平洋岛国的移民一样,处于新西兰社会的中下层,属于工人阶级。在这一历史时期,毛利人对于土著地位的争取与工人阶级的利益和社会地位直接相关,因此,毛利人的权利运动不仅得到太平洋岛国移民的大力支持,同时也受到很多来自工人阶级的欧洲移民后裔的支持。在1960—1970年之间,受到土著族群地位和工人阶级利益双重话语鼓舞的毛利人提出,用"一个国家两个民族"(two peoples in one country)概念取代1840年以来新西兰政府一直秉承的"我们现在是同一个民族"(we are all one people now)的同化政策。

与此同时,毛利人也意识到来自太平洋岛国族群的内部多元性。在1960—1970年间,毛利人主张并推动多元文化主义潮流。在新西兰政府层面,始于1970年的工党改革,使政府直面国内的族群问题以及国际趋势。工党领导的政府在政策层面正式放弃同化。从这个时期起,新西兰政府对待少数族群基本采用了多元文化主义的方式。1975年的新西兰国内族群关系调查结果显示,多数民众认为新西兰是一个包含多个少数族群在内的多元文化国家。在这一时期,毛利人对多元文化与二元文化的理解基本等同,并没有强调这两者的区分。直到1970年代末期,多元文化主义基本是新西兰官方的主要关注点,二元文化主义尚未提上日程。

从1980年代开始,人们开始重视民族文化的保护;与此同时,新西兰政府的政策重心也由提升经济水平逐渐转向文化保护。在这个转变中,毛利人逐渐意识到在多元文化主义的旗帜下,新西兰政府曾在一定程度上逃避《怀唐伊条约》中所规定的对毛利人权利的尊重和维护,毛利人开始反思多元文化主义对维护自身权益的价值。一些毛利人认为,多元文化主义在新西兰的实施不仅忽略了《怀唐伊条约》,同时也不符合新西兰的文化和社会现状,因为新西兰是一个以毛利人和欧洲移民后裔为基石构成的契约社会,而这个契约并不是多个族群之间的契约。他们认为《怀唐伊条约》的实质是土著毛利人与新西兰政府之间的权力共享,而由于《怀唐伊条约》是新西兰约定俗成的宪法,任何以法律形式试图将其他族群的权利与条约中的毛利族群相等同,都会被认为是违背宪法的行为。^① 由此,毛利人与其他族群间的关系也发生了微妙的变化。虽然和以往一样,毛利人一贯支持太平洋岛国移民群体的利益,但他们逐渐将这种支持视为自己在新西兰社会中获取经济政治自治权利的一部分,而不再是多元文化主义框架之下的族群关系。毛利人提出"如果(毛利人与欧洲移民后裔之间的)二元文化主义都不能实现,何谈多元文化主义"的质疑。

1984 年,毛利人对于多元文化主义的质疑由于工党政府的当选而大大增强,例如工党政府立法允许《怀唐伊条约》调解法庭(Waitangi Tribunal)接受上溯到 1840 年时期的历史遗留问题,用以调解毛利人与欧洲移民后裔以及政府间的关系。在工党的支持下,毛利人的土著居民地位与权利重新得到肯定,也是在这样的对话中,毛利人和支持他们的欧洲移民后裔普遍认为,新西兰应当走向二元文化主义道路。越来越多的政治家以及媒体也认为,新西兰执行二

---

① Lowe, John. Multiculturalism and its exclusions in New Zealand: The case for cosmopolitanism and indigenous rights. *Inter-Asia Cultural Studies*, 2015, vol. 16, issue 4, p.496.

元文化主义有助于避免政府走向"分而治之"的殖民老路。换句话说,新西兰政府的首要任务是处理好毛利人与欧洲移民后裔这两大主体族群之间的关系,而后再继续讨论与其他族群的关系如何处理。到1990年代,新西兰政府正式接受了"《怀唐伊条约》是有关一个国家的两个民族"的理念,并在此基础上推进了政府与毛利部落的合作关系,包括如何正确应对历史遗留问题。但问题是,一旦执政党换届,这种承认与合作关系就不一定得到保障,以至2008年的新西兰大选前,毛利党要求其支持新一届国家党上台的前提条件是,后者必须尊重并奉行《怀唐伊条约》中对毛利人权益和地位的承认。

结　语

近现代新西兰(Aoteaora/New Zealand)社会的基础建立在1840年的《怀唐伊条约》之上,虽然新西兰独立建国的时间是1907年,但该条约被认定为立国之本,并持续在当下的新西兰社会中——特别是针对处理土著族群与欧洲移民后裔之间的关系中——发挥重要的作用。《怀唐伊条约》是19世纪欧洲社会契约政治理念在新西兰的实践,虽然社会契约理论强调签约双方的互惠、共识与共赢,但社会契约理论在新西兰的实践根植于殖民话语、欧洲中心主义和父权理念,在这样的权力话语中,土著族群毛利人成为被引领进入"现代"社会的人。因此,在殖民主义理念盛行的时期,毛利人与欧洲移民后裔族群之间只存在表面的契约,而实质上是不平等的族群关系。

从1970年代开始,《怀唐伊条约》从殖民主义条约逐渐转变为欧洲移民后裔与毛利人地位对等、互相尊重的象征。这一转变与毛利人不断与新西兰各政党、政府之间的协商与权利争取有直接关联。

虽然《怀唐伊条约》存在不足,但毛利人通过创造性地使用 19 世纪流传下来的社会契约理论,扬长避短,强调互惠与共识作为契约精神的核心。毛利族群的主动参与,使得《怀唐伊条约》成为维系土著族群与新西兰政府关系的重要纽带,因而也成为毛利人与欧洲移民后裔群体互相尊重、互守尊严的共识话语。

《怀唐伊条约》的另一个重要作用是奠定了当下新西兰族群关系的基础,也是新西兰推行二元文化主义的理论根源。二元文化主义本身并不完美,虽然它保证了毛利人的权利,但与此同时,它也潜在地把毛利人视为内部单一的整体。毛利族群内部的性别、阶级以及代际差别等多样元素都受到忽视,好像毛利人权利的斗争不存在内部差异。二元文化主义掩盖了毛利族群内部工人阶级对新自由主义经济所带来问题的反抗,而新自由主义经济的受益者是毛利群体内部的部落资本主义和私有企业经营者。[①] 二元文化主义的另一个问题是在实施方面缺乏有效性,它忽略了毛利族群社会组织中重要的决策机构 iwi(部落/家族)和 hapu(部落分支)的作用,而通过其他法律形式实施,而这些法律也没有得到足够的重视。二元文化主义的第三个主要问题是,虽然它在一定程度上讨论了新西兰土著族群的问题,但是将其他族群包括来自亚洲、南美洲等地的移民,排除在新西兰的政治领域之外,这些族群的利益时常处在真空状态。

人们普遍认为,邻国澳大利亚所主张的多元文化主义是失败的尝试,主要原因在于多元文化主义不但没有惠及澳洲的土著族群,而且使得这些群体更加边缘化。所以,二元文化主义虽然并不完美,多元文化主义政策也不是新西兰的民意所向。另外,新西兰多数民众

---

① O'Sullivan, Dominic. *Beyond Biculturalism: The Politics of an Indigenous Minority.* Huia, 2007.

认为欧洲的多元文化主义模式仍然存在歧视等多种问题。虽然新西兰的族群关系并不完美，但是二元文化主义强调对土著居民地位的尊重、维护主体族群之间的协商关系，以及由此产生的主体族群与其他族群之间的互相尊重，这一系列理念最终促使"新西兰人"成为一个想象的共同体。

第六讲　人类学视角下的公共记忆与族裔认同

——以夏威夷为例

潘天舒

缘　　起

　　一般来说,记忆作为一个独立的分析范畴,对于个人、集体和社会认同研究具有毋庸置疑的功能和价值。早在 20 世纪 20 年代,法国社会学者哈布瓦赫在前辈涂尔干有关集体意识和良知论述的引导下,对集体记忆展开了系统性的前瞻研究。哈布瓦赫尤为强调记忆的社会属性,即:记忆过程可以被认作一种集体行为。[①] 更重要的是,集体记忆在日常话语实践中,是对常规意义上以书面形式呈现的历史的补充和回应。从 20 世纪 80 年代开始,哈布瓦赫有关社会记忆的公共属性这一宝贵洞见开始得到西方学界的全面重视,并随即成为跨学科记忆研究的动力源泉。人类学家康纳顿出版于 1989 年的《社会如何记忆》借助人类学的比较视角,对集体记忆如何通过纪念仪式和身体实践在社群中代代相传的过程,做了深入浅出的分析。[②] 康纳顿对于社会记忆承上启下的探索,促使越来越多的学者介入对当代文化多元语境下公共记忆的实证性研究,使之成为当今国

[①]　Halbwachs, Maurice. *The Collective Memory*. Francis Ditter and Vida Y. Ditter, trans. Harper and Row, 1980. 参见[法] 莫里斯・哈布瓦赫:《论集体记忆》,毕然,郭金华译,上海人民出版社 2002 年版。

[②]　Connerton, P. *How Societies Remember*. Cambridge University Press, 1989. 参见[英] 保罗・康纳顿:《社会如何记忆》,纳日碧力戈译,上海人民出版社 2000 年版。

际人文和社会科学界最具发展潜力的跨学科议题之一。

作为人文和社会学科学领域中的热门关键词,公共记忆在过去的二三十年间已经引起建筑学、传媒、文学、历史、哲学、政治学、社会学和人类学等多个学科中专业人士的浓烈兴趣,正在成为研究全球化和地方转型语境中民族—国家身份认同过程的一个重要的文化实践维度。尤其值得关注的是1992年美国社会史学者博德纳的专著《重造美国》。[①] 博德纳大胆地采用跨学科的视角,对美国历史事件进行重新诠释,进而对纪念典礼和公共记忆建构、爱国主义热情和国族身份认同之间的交互关系做了深入浅出的论述和分析。作为广受好评的公共史学佳作,博德纳的《重造美国》对于本讲的思路和着眼点选择,大有裨益。公共记忆与民族—国家建构之间的交互影响已经是国际上民族关系和国家认同研究中的一个持续关注焦点。就整体而言,如何充分运用社会学的想象力和跨学科交叉视角及手段,将公共记忆作为一个独立的分析范畴,在跨越民族界限的更为广阔的背景中对现代中国的多族群认同和国家认同联系起来进行综合实证分析,无疑是一项具有学理价值和现实意义的重大课题。

在本讲语境中,公共记忆是一种属于公众的记忆(memory of the public)。这一具有操作性的定义显然比常规意义上的历史记忆、集体记忆和社会记忆具有更强的公共属性,与公共事件、公共空间和场所、公共机构、公共人物、社群和物品有着紧密的关联度,是当代民族—国家公共文化实践极具表现力和象征意义的一种模式。在多学科交叉视角之下,笔者试图以北美夏威夷为民族志凝视对象,在研读代表性案例的基础之上,结合以往对公共记忆产生、构建和表达

---

① Bodnar, J. *Remaking America: Public Memory, Commemoration, and Patriotism in the Twentieth Century*. Princeton University Press, 1993.

的具有公共属性的文化空间、场所、机构和产业的实证考察和分析，力图辨明在公共记忆的建构和表达与民族身份和文化认同两者间存在的紧密复杂的交互作用关系，是如何通过积极促进和消极化解两种状态在日常生活实践中得以充分体现和表达的。

本讲有两大着眼点：一是公共记忆建构中人类学者所扮演的角色，二是公共记忆作为催化剂在民族—国家认同过程中的重要性。笔者所论及的人类学论著和田野案例的作者都有着迥异的学术和族裔背景。他们有的是德高望重的前辈，如发起有关"库克船长之死"公共记忆之争的萨林斯（Sahlins）和奥比耶斯克（Obeyeskere）；另有三位作者有着不同的学术脉络、专业旨趣爱好和进入田野的机缘，但娴熟的语言（包括夏威夷母语）和第一手档案的运用能力使他们在不同的社区、邻里和部落从事丰富多彩的研究，与各色人等交朋友，建立平等的研究者与被研究者之间的关系，获得源自真实生活体验的不俗洞见。他们通过民族志文本写作所进行的当代夏威夷叙事，是公共记忆的活水源头，也为笔者所进行的短期实地观察提供了必要的知识储备。

美国的"他者"：人类学视角下的
夏威夷公共记忆建构

谁杀死了库克船长？一场旷日持久的公共记忆之争

如同北美印第安土著部落，夏威夷这一远离美洲大陆的太平洋群岛居民组成的王国，从 1898 年被吞并到 1959 年成为美国的第 50 个州，不论是在文化还是社会和政治形态上，始终是一个被美国不断凝视的"他者"。在人类学的想象中，夏威夷群岛所在的波利尼西亚文化圈，与先后为传奇人物马林诺夫斯基、米德所光顾、青睐的位于西太平洋的美拉尼西亚和南太平洋的萨摩亚一样,是一片民族志田野研究的天选之地。有关库克船长这位在夏威夷与欧洲文化相遇中扮演关键角色的殖民者代表,是如何被当地人视作神灵,而后又如何在一场疑似因文化误读和传统仪式引起的结构性冲突中丧生的神话,已经成为夏威夷现代历史叙事和公共记忆建构的重要组成部分。然而如何在学理上对库克船长的神秘死因进行合情合理的论述和解释,也一度成为人类学界两位学者之间著名论战的焦点。芝加哥大学资深人类学教授萨林斯在解读民族历史和民族志材料的基础上,重新验证了库克船长被夏威夷人视作他们所祭拜的罗诺神这一学界内外已有的共识,从而得出了相同的结论。[①] 萨林斯在人类学视域内对由欧洲人单方面写就的夏威夷神话所做的这番自圆其说,让普林斯顿大学人类学教授奥比耶斯克感到诧异和不满。奥比耶斯克的斯里兰卡族裔背景使他情不自禁地发问:夏威夷人怎么可能会将库克这个欧洲白人视为他们的神灵? 在他出版于 1992 年的《库克船长的神化:欧洲人在太平洋区域的神话建构》[②]一书中,大胆挑战了萨林斯对库克船长之死的解释,认为这不过是沿袭了欧洲中心论的路径,是一种充满先入为主偏见的研究方式。尽管萨林斯在 1995 年出版的《土著人如何思考》[③]一书中,以其特有的诙谐风格,对奥比耶斯克的质疑进行了回应,就库克船长被"圣化"或"神化"的神话是否"真实可靠"进行的这场论争,还是留下了悬而未决的问题:人类学研究是

---

① Sahlins, Marshall. *Historical Metaphor and Mythical Realities: Structure in the Early History of the Sandwich Island Kingdom.* University of Michigan Press, 1981.

② Obeyeskere, Gananath. *The Apotheosis of Captain Cook: European Mythmaking in the Pacific.* Princeton University Press, 1992.

③ Sahlins, Marshall. *How "Natives" Think: About Captain Cook, for Example.* University of Chicago Press, 1995.

否很难摆脱西方文化的固有成见,或者说人类学者对于"他者"的研究在多大程度上能摆脱其族裔背景所带来的偏见?

如果不依靠带有认同政治色彩的论争,人类学者是否可以通过扎实钻研,系统性梳理有案可稽的档案材料来重构夏威夷在一个多世纪内被殖民的历程?曾先后任教于威斯利女子学院和纽约大学的美国法律人类学家萨利·梅瑞在《夏威夷的殖民化进程:法律的文化威权》①一书中,为此做出了难能可贵的努力。在该书中,梅瑞着重关注的是:欧美法律体系作为19世纪殖民主义主导的"文明进程"基石,是如何在地方层面上改造并削弱家庭和社区结构,外来的新教教徒如何对夏威夷本地人的外部生活进行规诫,并且逐渐在肉体和灵魂上征服"落后"的土著人群,使其得到解救,走上"开化"之路。处在全球贸易十字路口的夏威夷群岛在经受资本主义、基督教和帝国主义这三股浪潮席卷之后,英美法律被强行移植,替代了本土法规和风俗习惯。象征欧美文明的新法带来了由法庭、监狱和纪律规训理念构成的舶来品体制,戏剧化地改变了夏威夷当地人的婚姻模式、工作方式以及性行为等日常生活实践的方方面面。而这一突如其来的转型,恰恰发生在夏威夷还是真正的独立王国时期。用现在的眼光来看,殖民文化和结构的深度渗透,使得夏威夷在被殖民和吞并之前就已沦为"新殖民主义"的牺牲品。通过调阅19世纪40年代到20世纪上半叶夏威夷大岛(Big Island)希罗市(Hilo)初级法院的卷宗以及早期上诉法院的案例,梅瑞审视了法律在资产阶级文明规训的形成过程中所起的作用。她的分析主要集中在从1820年到20世纪初强加给夏威夷人的五种规训:(1)来自新英格兰的新教传教士对夏

---

① Merry, Sally Engle. *Colonizing Hawaii: The Cultural Power of Law*. Princeton University Press, 2000.

威夷本地人日常生活的纪律约束；(2) 因无望成为文明合法的主权国家而被迫成为受控制的殖民地这一现状本身对于夏威夷统治阶级的约束；(3) 蔗糖种植园里以亚裔合同工人为主的无权利劳动力受到的约束；(4) 族裔社区发展过程中内生的社会控制；(5) 在夏威夷中途停留的外来船只上船员所接受的为期 6 个月的严格纪律约束。

可以说，梅瑞所完成的真正意义上的历史人类学研究，为人类学者介入"夏威夷故事"的讲述以及有关夏威夷公共记忆的重塑，迈出了关键的一步。在笔者看来，梅瑞研究的意义，并不在于她从夏威夷大岛希罗市的历史档案中发现了什么"真相"，而是她对多学科交叉视角的灵活运用，以及对于法庭案例、官方数据和地方史多种材料的熟谙掌握。在这一点上，梅瑞的视野比萨林斯和奥比耶斯克更具前瞻性，在历史文献处理方面也技胜一筹。

夏威夷本土学者与公共记忆的建构

令人遗憾的是，夏威夷历史书写所依赖的资料，迄今为止几乎全部来自英语语言资源。包括萨林斯、奥比耶斯克和梅瑞在内的绝大多数人类学者，在文献研究过程中未能充分利用成千上万的以夏威夷语言出版和留存的报纸杂志、书籍和信件。学界内外这种对于以夏威夷母语保留的资料讯息的忽视或者漠视，几乎抑制了夏威夷公共记忆重构过程当中原住民主体意识的充分表达，并造成公众事实上"遗忘"重大历史事件的严重后果。比如说，在 1897 年，当白人寡头政治集团试图将其促使美国吞并夏威夷的计划付诸实施之时，夏威夷土著居民发动了遍及全岛的抗议请愿行动，有多达 95％的原住民在请愿书上签字反对并入美国，最终导致吞并条约未能在美国参议院获得批准。然而如此重要的一个决定夏威夷命运的历史事件，今天绝大多数夏威夷人却一无所知。面对这一严酷事实，本土学者席尔瓦于 2004 年在一部题为"被出卖的'阿罗哈'"①的历史民族志力作中，讲述了夏威夷土著抵抗美国殖民主义的精彩故事，在一定程度上弥补了夏威夷研究和夏威夷公共记忆建构过程中本土人主位视角（emic perspective）和声音缺失的遗憾。席尔瓦精通夏威夷语，能熟练地阅读和分析大量 19 世纪出版的夏威夷本土文本资料，从而填补了历史记录中的空白。更重要的是，席尔瓦的研究，以重新发掘的史料，纠正了当今民众记忆和官方话语中存在的一个严重谬误，即：习惯于逆来顺受的夏威夷本地人，在被殖民的过程中，被动地接受了本土文化被不断侵蚀以及他们的王国和家园丧失殆尽的不幸命运。席尔瓦通过展示 19 世纪本土语言史料，揭露了不为人知的史实，即：夏威夷土著居民从未放弃反抗殖民者实行的政治、经济、语言和文化统治。以报纸为代表的印刷物，为大范围的社会交流、政治动员和组织以及对于母语文化的保护和延续，发挥了媒介平台的积极作用。比起单纯依赖英语资源的学者，席尔瓦的研究可谓精彩纷呈。通过对多达 75 种出版于 1834 至 1948 年间的夏威夷语报纸的研读，席尔瓦使大量带有政治色彩的评论、吟唱歌词、故事、诗歌、歌曲、被面图饰和呼啦圈舞表演记录等宝贵史料重见天日。席尔瓦将自己本土人的语言才能发挥到了可谓淋漓尽致的地步。她在字里行间领悟到了夏威夷语言在日常使用中的微妙之处，并由此察觉到土著人在文本写作中刻意语焉不详的策略，通过玩弄似是而非的文字游戏来糊弄殖民当局。其间夏威夷妇女扮演了不可或缺的角色。可

---

① Noenoe，Silva K. *Aloha Betrayed: Native Hawaiian Resistance to American Colonialism*. Duke University Press，2004.

以说,席尔瓦的历史民族志作品是对以往夏威夷殖民历史学研究的一次纠偏,也弥补了夏威夷土著人顽强抵抗美帝国主义这段不为人知的历史空白,对于当代夏威夷公共记忆的完整性和本土性,其意义不言而喻。

如果说席尔瓦是修补和矫正夏威夷历史记忆过程中一位厥功至伟的女性本土学者的话,那么腾干就是后来居上的男性土著人类学者。在出版于 2008 年的《再造土著男性》[①]的民族志专著中,腾干着力于探讨在殖民统治和后殖民时代全球旅游商品化的双重历史语境下本土男性气质和主体性的形成过程,在多大程度上对种族、阶级和性别认同进行重塑并发生影响。腾干在参与式观察过程中,特意选择由夏威夷毛伊岛男子聚集而成的"男丁屋"(Hale Mua)为田野立足点,用心观察这一属于中产阶级的混血中年男性群体如何以表达男性阳刚之气的传统仪式表演(如武术、木刻技艺和其他文化展演)转化为政治、文化和心理自主的策略,来重新获取表达作为土著夏威夷社区成员的身份认同的机会,从而达到"再造"新时代夏威夷本土男性气概的目的,进而推动夏威夷文化民族主义运动的发展。腾干注意到,在日常仪式实践中,这些夏威夷本土男子敢于突破自身传统的局限,大胆借鉴来自波利尼西亚其他土著如毛利人的实践模式。在笔者看来,腾干的民族志文本对于处在多元文化社会环境中夏威夷男性特质的刻画具有诸多创新之处,在极大程度上改变了一个多世纪以来大众媒体尤其是好莱坞影片中对夏威夷男性塑造的扁平化刻板印象。尽管腾干研究的学术影响力在目前仅限于人类学、传媒、性别和族群研究领域,但一位初出茅庐的本土学者在全球化和地方

---

① Tengan, Ty P. Kawika. *Native Men Remade: Gender and Nation in Contemporary Hawai'i*. Duke University Press, 2008.

转型的条件下，能够在当代夏威夷公共记忆的建构过程中发出自己的声音，夺回属于自己民族的话语权，实属不易。

夏威夷公共记忆在公共空间的展示：基于田野观察的思考

与美国本土大城市一样，在夏威夷首府檀香山随处可见的博物馆、艺术馆、纪念碑、文化遗产保护楼宇、民俗文化展示中心、广场、宫殿和宗教场所到扮演教化角色的院校和学会，乃至包括好莱坞、CNN和三大电视网以及新媒体，既是一个文化多元的超级大国公共记忆的保存、建构和表达的载体，也是推进民族身份认同的催化剂。笔者于 1998 年首访夏威夷之后的十多年间，曾以参会者和访问者的身份多次拜访夏威夷本岛和其他外岛，在学术和非学术场合与包括夏威夷大学人类学系、博物馆、族群研究中心和东西方研究中心的师生进行交流，也与夏威夷中小学师生、旅居火奴鲁鲁的华裔移民和社区中心的义工有不同程度的交流，在哈佛读研和乔治城任教期间也有幸结识来自夏威夷的同学和同事。他们有着不同的族裔和文化背景，但都以自己具有"夏威夷人"的身份为豪，见面时也常常会用夏威夷问候语（Aloha）。在与他们交谈时，一旦触及夏威夷多元文化以及夏威夷作为北美"他者"特殊性，可以感受到他所共享的夏威夷公共记忆已经成为身份认同不可或缺的一部分，即便是他身处远离自己家乡的美洲大陆。

夏威夷公共记忆对于日常生活的渗透力量，不仅在笔者田野研究中遇到的夏威夷友人和学术场合认识的人类学同事身上得以体现，而且还在夏威夷本岛和外岛的一些公共场所，以具有高度文化表征功能的历史人物雕像为载体，在公众面前充分展示。根据笔者多年来的实地观察，在夏威夷本岛和外岛的公共空间有四座可视度较高的全身雕像,分别承载着四位历史人物的公共记忆:夏威夷王国创立者卡美哈梅哈一世、中国民主革命先行者孙中山、冲浪运动健将杜克·卡哈那莫库以及殖民主义者库克船长。卡美哈梅哈一世作为夏威夷王国国父的特殊地位,使得他的形象遍布夏威夷群岛,成为夏威夷历史和文化最具代表性的符号。除了檀香山市中心艾奥拉尼王宫前矗立的卡美哈梅哈一世国王的标志性雕像,在夏威夷其他场所还可以看到尺寸不一和材质不同的国王像(图1)。比如说,在大岛某社区文化中心前树立的卡美哈梅哈像,当地人坚信这是最早的一座国王木雕雕像。孙中山的全身雕像,存在于夏威夷岛华人社区和学校。在孙中山曾经就读的艾奥兰尼学校,就有体现伟人少年时代风貌的雕像(图2)。校园内少年孙中山像的存在,为这所夏威夷诸岛华人子弟青睐的名校带来了文化资本,成为华裔乃至其他族群所共享的一位华人英豪的公共记忆。位于檀香山著名景点威基基海滩的

图 1　国王像(潘天舒摄于 2014 年 2 月)

图 2 孙中山像(潘天舒摄于 2014 年 2 月)

"现代冲浪之父"杜克·卡哈那莫库雕像,如今成为超越族群和时代的体育精神的象征,受到来自世界各地的冲浪爱好者和游人的膜拜(图 3)。与前面三座雕像相比,库克船长在夏威夷考艾岛登陆点的全身像,常常成为被人泼漆和破坏的对象(图 4)。显然在公共记忆中,库克船长成为被钉上耻辱柱的一个殖民主义的代表。与澳洲旅游景点截然不同的是,库克船长很少会被当成一个卖点,出现在夏威夷旅游广告宣传片中。即便在考艾岛上支持共和党的少数白人居民心目中,

图 3 杜克·卡哈那莫库像
(潘天舒摄于 2012 年 1 月)

图 4　库克船长像(潘天舒摄于 2012 年 1 月)

库克船长和船员的形象也极为糟糕。尽管这些白人由于政见和理念不同,不会像岛内其他族裔那样为出生在夏威夷的奥巴马成为美国总统而欣喜若狂,但是他们共同享有的夏威夷公共记忆使他们对库克所代表的殖民历史有着高度统一的认识。在 2020 年美国黑人弗洛伊德因警察滥用暴力而惨死引发的抗议浪潮中,英美城市的殖民者雕像成为示威者的攻击对象,有些被拆除或移除。然而,位于考艾岛的库克船长雕像却安然无恙,几乎没有受到什么冲击。笔者通过电邮询问当地友人,得到的回答是:在当地人的心目中,库克船长充其量不过是个被不断边缘化的历史人物,对日常生活的影响微乎其微。如果能吸引游人前来驻足,带来生意,当地人自然也不会拒绝。可以说,在夏威夷公共记忆中,库克船长是个被积极遗忘和不断被化解的历史人物。

如上文所述,从夏威夷到当代美国的任何地方,通过代表政府、产业、教育和社会组织等各种机构和团体的策划和操作而建构起的公共记忆,尤其是对南北战争、废奴运动、珍珠港事件、种族平等运动、"9·11"恐怖袭击以及奥巴马作为首位非洲裔总统上台执政等一系列具有里程碑意义的公共事件、公共空间和建筑物、公共文化和公共人物的记忆塑造,在一定程度上缓解了族裔对立和阶级分化的紧张态势。2016年,特朗普作为政坛黑马"意外"当选美国总统之前,公共记忆所催生出的一整套文化和政治话语,旨在丰富"美国梦"内涵,并且成为一种在这个外表自由开放的多元社会内部促进高度民族认同的"软实力",具有说服公众认同国家价值观的功能。同样的实证范例在二战后的德国和奥地利等欧洲国家也比比皆是。

公共记忆与中国梦的文化表述

来自北美边疆夏威夷的上述案例所展示的公共记忆与民族认同之间可能存在的积极促进和消极化解两种状态,不但为当代中国公共记忆的人类学研究提供了可资参考的经验性材料,而且也进一步凸显了这一议题的不容置疑的现实意义。首先,公共记忆是研究中国梦文化实践模式的重要维度。习近平总书记提出的中国梦,既是中华民族一个多世纪以来的强国之梦和复兴之梦,也是统一的现代中国各民族的共生之梦、和睦之梦、团结之梦和认同之梦。作为中国梦的文化表述模式,公共记忆实践本身就是大国崛起语境中政治文明建设不可或缺的组成部分。笔者认为,灵活变通地借鉴人类学和社会学洞见,将为公共记忆与民族认同研究提供跨学科的视角,进一步丰富和完善专业研究手段,努力探寻新的发展和突破空间。

在理论层面上,基于民族文化多样性和社会多元化前提的当代中国公共记忆研究,为在更深层次上考察和研判我国民族的文化身份构建以及国家认同过程开辟了新的认识蹊径,提供新的理论视角。从文化相对主义的视角来看,由于地域差异、历史条件和生活情境的制约,研究具有民族特征的记忆模式必须从本民族文化本身入手,才能找出将特定民族记忆整合,进而体现各民族共同组成的民族—国家高度统一格局的公共记忆之中的途径和方法。

在实践层面上,我国作为一个统一的多民族国家所具有的民族文化多样性、作为一个文明古国所具有的历史记忆积累,以及作为一个崛起中的大国所面临的挑战,都决定了中国公共记忆的建构和重构充满了复杂性、不确定性,但同时也不可避免地具有某种程度上的历史路径依赖性。值得欣慰的是,"记忆工作"的重要性已逐渐凸显,并得到一定程度的关注。近年来,国家和相关地方政府先后开展了"乡村记忆工程""城市记忆工程"等公共记忆建设工作,虽然由于各方面的原因,产生的影响还十分有限,但这样的努力本身体现出了一种文化自觉,同时也为中华民族复兴和中国梦的文化表述提供了公共记忆资源方面的支持。无独有偶,学术界也早有这样的自觉,为倡导当代中国公共记忆的多民族、跨文化、跨区域的比较研究,从而为中华民族复兴和中国梦的表述提供公共记忆资源的学术支持。

福柯指出:"谁控制了人们的记忆,谁就控制了人们的行为脉络……因此,占有记忆,控制它,管理它,是生死攸关的。"①这对于正在复兴和崛起的中国来说,无疑是一条极其有益的启示:切勿忽视

----

① 〔法〕米歇尔·福柯:《规训与惩罚》,刘北辰等译,三联书店 2004 年。

记忆工作的重要性。因而,借鉴包括夏威夷在内的欧美民族志案例和公共记忆研究方法,并找出符合中国国情的研究框架和技术路线,从而推动各民族在日趋频繁的族际互动交流中求同存异,建设国民和睦和民族共生的和谐关系,重构以良性民族关系和稳定国家认同为基础的公共记忆,对于充实中国梦的文化表达内容和手段,具有无可辩驳的现实意义。

从历史和现实经验的层面上,公共记忆可以视作一种通过符号表征等多种途径来阐述中国梦内涵的文化实践模式,巩固语言多样、文化多样、民族多样,这些多样性的生态格局是我国历史上形成的。各民族的语言和文化争奇斗艳,具有族群特征的社会记忆方式缤彩纷呈,但它们都可以在更高层面上达成"重叠共识"。美国学者将20世纪美国崛起过程视为公共记忆实践的跨学科研究的对象,是可供借鉴的他山之石。公共记忆在文化多元和族群差异特征显著的社会条件下,具有通过塑造与时俱进的叙事模板达成"重叠共识"来推进国家和民族认同的政治功能。

综上所述,借助人类学等相关学科的研究视角,探讨公共记忆作为中国梦在官方和民间的话语表述和象征模式,对于促进以和睦、信任和团结为前提的民族认同,建设美丽中国的社会和文化具有非凡的意义。为此,我们需要认清在国家层面建构的公共记忆与民族和睦、民族信任、民族团结的交互作用,更需要认清民族记忆与国家认同的关联性。民族关系治理的战略目标中要将公共记忆所扮演的催化剂角色纳入视野,将其融入转变政府职能、创新公共管理体制的制度设计之中,以适应全球化和地方转型背景下民族关系发展的新形势。这就是说,我们有必要充分认识反映历史记忆和社会记忆在民族人文生态和心理和谐中所具备的功能,在尊重不同民族认知模式的基础上,推动承认差异的重叠共识并由此建构公共记忆,进而为基于民族认同的全民国家认同提供文化保障。

第七讲　如何记忆"社会"
——人类学的视角①

何　潇

　　面对现代社会的分化与整合,以及变迁与延续,社会学家和人类学家开始进入对社会记忆问题的探讨。涂尔干认识到记忆在现代多元分工社会中对传承社会价值和整合社会的重要意义。② 哈布瓦赫分析了家庭、宗教和社会阶层是如何依赖社会习惯(social conventions)保存对过去的回忆;与此同时,他认为社会习惯一方面来源于集体记忆,另一方面来源于关于现在的知识。③ 哈布瓦赫创造性地将社会语境引入到记忆的研究,将记忆从心理层面带入社会事实层面,但同时过于依赖一种自我循环的分析思路:集体记忆依赖社会习惯,社会习惯也依赖于集体记忆。阿斯曼开始打开了这一自我循环的黑匣子,分析文化记忆和集体认同是如何通过媒介(如仪式、经典文本的书写)而生成,由此进一步分析记忆在文化系统中的铭刻过程,④但阿斯曼对哈布瓦赫最初关切的现代社会转型问题缺乏关注。

　　在中国,剧烈社会变迁下的记忆问题成为学者们考察的一个重

---

① 本文初刊于《华东师范大学学报(哲学社会科学版)》(vol. 54, no.1, 2022 年 1 月),题为"'家'与'社会'之间——人情、物质与打工者的社会记忆"。此为修订版,文字有所增删。

② Misztal, Barbara. Durkheim on collective memory. *Journal of Classical Sociology*, 2003, vol 3, no. 2.

③ Halbwachs, Maurice. *On Collective Memory*. Translated and edited by Lewis A. Coser, University of Chicago Press, 1992.

④ Assmann, Jan. *Cultural Memory and Early Civilization: Writing, Remembrance, and Political Imagination*. Cambridge University Press, 2001.

点。学者们一方面关注改革前社会主义革命的记忆，[①]另一方面大多数学者试图发现官方历史之外的社会记忆。[②] 这些关于社会记忆的书写过于关注大的政治事件，往往预设了"社会"与"政治"的重合以及"记忆"的政治抵抗特征，社会记忆这一在哈布瓦赫（Halbwachs）那里更具包容性的分析概念被简化为某种"政治记忆"或关于记忆的政治，而没有注意到市场、城市化和大规模迁移对社会记忆的重构。此外，这些学者往往强调记忆依赖现在的语境构建，将记忆作为现在行动的一种资源，这一建构主义分析框架往往忽略了记忆如何在社会层面制度化的过程和黏性。记忆不止依赖行动者在话语层面的构建；在叙述之外，记忆又受到物质和空间等非言语因素的限制。[③]

本文汲取阿斯曼将媒介问题带入记忆研究的成果，关注记忆制度化过程中的媒介作用；同时将这一问题置于一个变迁中的中国社会语境中考察。本文的分析基于笔者 2013—2019 年间在上海关于外来打工者的田野研究。离乡外出打工和参与更大的市场将打工者带出了从前生活的家乡，他们必须面对更多的陌生人，穿梭于多元的社会组织形式，如由陌生人构成的都市社区以及工作组织。在这一扩大和重组的"社会"空间中，记忆得以不断地重构，这一记忆重构的同时也在不断地重构打工者对"社会"的理解。通过分析打工者对家

---

① 参见 Lee, Ching Kwan, and Yang Guobin, ed. *Re-envisioning the Chinese Revolution: The Politics and Poetics of Collective Memories in Reform China.* Stanford University Press, 2007；Hershatter, Gail. *The Gender of Memory: Rural Women and China's Collective Past.* University of California Press, 2011。

② Watson, Rubie, ed. *Memory, History, and Opposition Under State Socialism.* School of American Research Press, 1994.

③ Pan, Tianshu. Place matters: An ethnographic perspective on historical memory, place attachment, and neighborhood gentrification in post-reform Shanghai. *Chinese Sociology and Anthropology*, 2011, vol. 43, no. 4.

庭、家乡和职业生涯的记忆,本文试图揭示记忆如何通过物质媒介在社会实践中得以建构;物质媒介在促成一种人与人交往间的人情记忆和认可的同时,也激发了对"遗忘"人情的担忧和对一个陌生化"社会"的道德批评。在人口流动和市场经济发展过程中,记忆不只是在现在的社会语境中得以重构,还塑造着我们对"社会"的理解。

流动与"家"的记忆

家乡的记忆

我的报告人往往用"家"指代自己的亲密家庭和更广义的家乡,将外出工作称之为"出门"。很多打工者提到在 20 世纪 90 年代初家乡人对外出打工的负面印象。一位来自四川的女性打工者回忆道:"家里人当时觉得打工是骗人的,你出去打工就像你家人把你卖掉一样。"许多打工者都会谈及自己在旅程中如何被骗的往事。一些打工者即便没有遭遇骗局,但同样担心自己被骗。一位女性杂货店店主回忆她第一次来上海的体验:"家里都是左邻右舍的熟人,很放心,在外面就担心有人骗我,偷我东西。"跨出家门打工意味着踏进"危险"的"社会"。

费孝通认为,安定、少流动的乡土社会依赖熟悉、习惯,依赖面对面交流和口口相传。在这一传统的乡土社会,记忆有时候都变得多余。① 而面对一个陌生人的"社会",人们需要重建记忆和信任。都市生活的不确定和动荡加强了对家乡和乡土的记忆。

在打工者聚集的城市城中村,基于乡土记忆的"老乡关系"是陌

---

① 费孝通:《乡土中国》,北京出版社 2004 年版。

生人社区的一个重要纽带。一个人的家乡成为定位一个人的重要面向,同乡人聚居也是城中村的常态。虽然邻里和社区公共空间的相遇让陌生人成为熟人变得可能,但我的报告人告诉我即便熟人也从来不串门。一位女性报告人解释她为什么跟一个熟人从来不串门,"我们又不是老乡,又不是亲戚"。

当他们居住的城市城中村被不断地拆迁时,我的报告人经常提起回老家的计划。在一次拆迁过程中,一位49岁的女性打工者告诉我她的回乡计划,她特别跟我提起家乡新鲜的空气和自己打理的菜园子。除了不断拆迁和消失的居所,城市日益上升的生活成本也让我的报告人经常提起"回乡"的计划。"老家"在记忆中不仅有安定的居所,而且在经济生计上也是安全稳定的。一位50岁的废品回收工谈到自己未来回乡的生活,"在家是自己的房子,房前屋后种点地,一天不需要开销"。而在上海,"你一天不出去赚钱,就要吃老本,房子要交房租"。老家在记忆中经常被田园牧歌化了。

家乡的记忆也维系着年轻一代的"成家"实践。虽然城市提供了不同地域的年轻人浪漫相遇的机会,但老一辈的打工者都强调子女"找老家人"结婚的重要性,我的报告人也大都遵循着这一原则。我经常听到男方家长表达对"外地新娘"会在婚后跑掉的担忧,女方父母也担心女儿远嫁会在他们难以触及的远方"受欺负"。为了及时地引导和控制子女的"当地婚",很多父母将子女的结婚时间大大提前。当然,年轻人不可避免地在城市相遇,父母很难完全引导和控制他们的爱情和婚姻。一位母亲在干涉女儿的浪漫爱情失败之后,最终同意女儿解除在老家定的婚约,同自己相爱的男生结婚。对父母来说,解除家乡的婚约无疑有点丧失颜面,但她补救性地向我说明新女婿的家其实离他们家很近,就在"水泥路的东边"。虽然男女双方是在上海认识,但男方依然安排了当地的媒人协调双方结婚前的安排。婚姻将都市打工者与家乡联系起来。为了儿子能在老家迎娶新娘,老一辈的打工者一般都会早早地在老家盖好房子。房子盖好后才会有媒人过来帮忙介绍对象。这些空荡荡的房子维系着他们与家乡的联系。

即便是家乡相亲、有媒人的介绍,相互信任也不能视作当然。以刚年满 18 周岁的彬彬为例,他回家过年的时候在媒人的安排下相亲。他告诉我,在相亲第一个女孩的时候他穿了一件大号的衣服,于是手蜷缩在袖口里,后来才得知女孩怀疑彬彬是在掩藏一些身体缺陷而没有同意。在与第三个相亲女孩短暂见面后,彬彬就确定她为结婚对象。随后彬彬家就通过媒人给女方家送去一万块现金和啤酒、白酒、猪肉等礼物提亲。新年过后,彬彬和自己的未婚妻前往各自工作的城市继续生活;秋天,他们回家正式完婚。在婚礼之前,彬彬父母又一次给女方家送去钱和礼物。有意思的是,结婚前双方的父母从未会面,而是通过与双方父母都熟悉的媒人在其中协调。另外,婚姻的安排并非完全依赖对家乡的记忆和乡土网络,还依赖于物质的流动。

虽然推崇"当地婚",但是很多男方家长也会抱怨日益上升的结婚费用。从事废品回收的志平对我说,三四年前,自己侄子结婚时彩礼才六万,现在要 20 多万。虽然他的两个儿子都未成年,他已经开始担心这日益攀升的彩礼。虽然对家乡的记忆给打工者的婚姻提供了信任的保障,但这些金钱花费构成另一种记忆和期待。

很多打工者在返乡回城后都会抱怨家乡不断上升的日常生活费用,甚至是过度消费。一些返乡的打工者抱怨当地复杂的"人情"和"面子",这些基于地方性记忆的关系网络将他们排除在外,成为他们重新融入家乡的障碍。一位返乡工作的木匠告诉我,回乡是基于一种对家乡的美好想象。在家半年后,他的幻想就破灭了。他在比较家乡和城市间的差异时说:"外面生活单纯些,在家乡出去做点事还要找关系。在家乡,别人帮了些忙,他会觉得你欠了他一个大人情。做什么事都要靠面子,非常复杂。外面你帮我忙了,我给你钱,比较简单。"他哀叹,家乡生活"勾心斗角"。

虽然我的报告人经常提起回家的计划,但这些计划总是不了了之。很多人"回家"了,但并不是回到自己出生的老家,而是附近的市镇。近几年,相对于在农村盖房,在邻近市镇上拥有房产被视为是更好的投资。打工者回乡的决定显然不仅仅取决于对故土的记忆,还与市场机会紧密相关。

在离散的生活中,基于"家乡"的记忆是打工者形成安全感和信任的重要基础。这种记忆同时依赖于物质方式(钱、房子等)的延续。随着打工者和物质的流动,"故乡"也不可避免地与市场经济和更大的"社会"紧密相连。流动的生活不断激起他们对"故乡"的乡愁,与此同时物质也让他们哀叹衰落中的家乡共同体。

家庭记忆

哈布瓦赫将家庭视为承载记忆的一个重要制度。[①] 在一个不断流动的现代社会,家庭也依赖共同的记忆,这些共同的记忆往往围绕着日常照料、陪伴和仪式。外出打工让很多家庭分散在两地,空间的距离给家庭的共同记忆带来了挑战。很多外出打工的父母担心长期分离会让自己与孩子"不亲"。一位母亲沮丧地说,她女儿暑假来上

---

① Halbwachs, Maurice. *On Collective Memory*. Translated and edited by Lewis A. Coser. University of Chicago Press, 1992.

海的时候会在不经意间将她称呼为奶奶。因为女儿常年跟奶奶生活在一起,她更加习惯呼唤奶奶而不是妈妈。由于不熟悉女儿的身材,她上次给女儿买的衣服也不是很合身。从事废品回收的志平每年都会安排子女在暑假来上海跟他和妻子团聚。在一次送别儿子的晚餐后,志平小心翼翼地将一些现金存放在儿子衣服的内侧口袋里,嘱咐他交给奶奶保管。在收获季节回乡的时候,志平会带着儿子和女儿上街买衣服。通过这些小的日常活动,他试图创造出共同的家庭记忆。志平的妻子跟我说她上次离开家时,小女儿哭喊着让她不要走,她只能对哭喊着的小女儿说:"我去外面赚钱,帮你买东西。"

在父母 2003 年开始外出打工后,1990 年出生的婉颖就辍学在家,肩负起照顾弟弟妹妹的任务,给他们做饭、洗衣服。直到她 18 岁时,看着同龄女孩一个个外出,她决定外出打工。她回忆说,当时父母还是希望她留在家,但她坚决要出来看一看外面的世界。她的弟弟现在已经上了大学,她也为人父母,同丈夫一起在上海打工。虽然母亲曾经让她辍学照顾家庭,她也曾跟父母抗争,但她跟我说的更多的是家庭穷苦的历史以及母亲对家庭的贡献。"一开始我们家很穷的,连盐和油都吃不上。我们小的时候家很穷,我妈妈去很多地方打工,她捡破烂,背大包,把背都磨破了。我姥姥看到后哭了。"后来我也从婉颖妈妈那里听到她对过去穷苦日子的讲述:"我们以前很穷的。穷得连油都吃不上。那时候借钱盖房子,一下子借了一万多块钱。我就开始出门赚钱。"婉颖说母亲微驼的后背就是吃过苦的印记。

婉颖是被父母强迫退学照顾弟弟妹妹,她本可以抱怨家庭内部的不平等。我确实曾经在别的报告人那里听到过类似的抱怨。但在这里,对"苦"的记忆遮蔽了家庭内部的不平等。家庭的维持和延续依赖于对过去"苦"的记忆。不同代际的人虽然会面对不同的生存境遇,但是他们都会记得家人过去所遭受的苦。对"苦"的记忆成为一种不言自明的共识。

诚然,在家庭内部"苦"的记忆可以通过故事讲述的形式传递,但物质形式在这一记忆的传递过程中起着更为重要的媒介作用。婉颖和母亲在回忆曾经的"苦日子"的时候都提到连油都吃不起。当我在一位年轻的打工者家午餐时,他的妈妈告诉我,我们正在吃的一颗颗豆子是她远在家乡的父亲种的。随后她跟我回忆起她父亲操劳的一生,尤其是在她母亲死后将他们抚养成人。一位粉刷工指着手上的老茧对我说:"我在家里从来不说苦。这次我让我哥哥从家里带点肉给我。我爸妈带过来的全是瘦肉,他们知道我不喜欢肥肉。爸爸妈妈怕我吃苦。"物质不仅传递"苦"的记忆,同时也在家庭内部传递着对彼此的认可和关怀。

我的报告人经常会刻意跟家人隐藏现在生活中的苦,"报喜不报忧"。在家庭内部,人们非常克制地表达自己现在的苦;而在纪念那些失去的亲属时,人们会强化表述他们在世时为家庭所受的苦,甚至会说他们"没有享一天的福"。苦在沉默和言语之间成为一种家庭记忆,指向过去。我的报告人会回忆起夫妻一起吃苦的往事,承认对方"吃了很多苦"。这些苦的记忆往往通过物质和身体的印记得以传递。

在家庭语境下,对苦的沉默给相互理解和认可带来了很大的压力,也更容易造成误解和冲突。亲人之间可能不理解相互的苦,或者认为自己的苦没有被认可,从而引发冲突。当然当家庭发生冲突的时候,苦的交流往往超越态度上默默地承认,以一种剧烈的方式倾诉,特别是向家庭以外的人倾诉。玉兰被丈夫要求回老家照料丈夫的父母之后,她跟丈夫的关系开始变得紧张。她跟我哭诉自己在丈夫家受的苦和两人的争吵。她将两人恶化的关系表述为苦得难以沟通,"以前有什么不开心他会对我说。现在自己一个人出去打工,在外面不开心,就要喝酒,在外面受了苦就对我发火"。她感叹,人心隔肚皮,自己的苦别人很难理解。玉兰还跟我提起她在跟丈夫谈恋爱时无意中发现他会把他去玉兰家花的礼钱记在账本上,但她只是在这个纷争时提起这段往事。志平也曾跟我悄悄说妻家将他送去的彩礼用于妻弟的婚事上。当说起这段往事时,志平特意嘱托我不要在他妻子面前提这件往事。为了家庭的安稳,这些过去似乎最好被遗忘。家庭的共同体同样也依赖于忘记,忘记那些具体的金钱数目。而志平的妻子在另一个场合评论女方彩礼时认为,女方家留点钱也情有可原,"女方(家)也把女儿从小带到大,也很辛苦"。在她看来,父母养育的辛苦不足以用金钱来衡量。

迁徙和分离给家庭的团结提出了挑战。打工者试图在家庭分离过程中创造一种为家庭牺牲奉献的共同记忆。这一关于"苦"的共同记忆不只是基于言说,物质在其中起着重要的作用,物质的流动不断创造着共同的记忆。"苦"的记忆跨越时空,让分散在不同地点和不同代际的家庭成员分享共同的家庭记忆。"苦"的记忆创造了为家庭牺牲的伦理动力,在家庭内部形成情感联结。① 与此同时,物质也创造着自身的记忆,其中包括物质的计算和分配不公。这些有害的记忆可能转变成对家庭的控诉。

---

① He, Xiao. Between speaking and enduring: The ineffable life of bitterness among rural migrants in Shanghai. *Hau: Journal of Ethnographic Theory*, 2021, vol. 11, no. 3.

职 业 记 忆

研究农民工的学者往往将注意力放在阶级形成的问题上,[1]而忘了阶级或职业规范的形成往往依赖某种集体记忆。哈布瓦赫研究了职业和阶级的集体记忆。以律师行业为例,哈布瓦赫分析了这一行业是如何依赖社会传统和记忆的。同时,他认为,与律师这样的职业群体不同,工人阶级跟物而不是人打交道,工厂的门将他们的工作世界和社会生活隔绝开来。[2] 这一分析部分继承了马克思以来的社会批评理论关于现代资本主义异化的讨论。我的报告人往往将开始工作视为进入“社会”的标志,“工作”意味着进入“家庭”之外的组织。对于打工者来说,“工作”同时也意味离开熟悉的家乡进入城市,与一个由陌生人组成的社会相遇。打工者来到城市工作并不意味着他们被抛弃在一个没有记忆的异化世界里。

我的报告人深知城乡不平等和受限的教育程度让他们在劳动力市场上处于“底层”,从事的都是一些低薪且技术含量低的“苦力”工作。“苦”成为他们关于都市工作的一种重要的社会记忆。这些“苦”的记忆不只存在于话语讲述之中,同时还存在于日常生活的身体和物质痕迹之中。很多打工者将自己身体的疾病(如胃病、风湿病、驼背)与从前的工作联系起来。工资的数额也是记忆的重要部分。打工者艳梅跟我回忆起自己在上海的第一份工作:“我刚来上海的时候

---

[1] 参见 Pun, Ngai. *Made in China: Women Factory Workers in a Global Workplace.* Duke University Press, 2005; Yan, Hairong. *New Masters, New Servants: Migration, Development and Women Workers in China.* Duke University Press, 2008。

[2] Halbwachs, Maurice. *On Collective Memory.* Translated and edited by Lewis A. Coser. University of Chicago Press, 1992.

做包子，早上五点起来，做到晚上七点。以前工资低，一个月 800 块，都没有休闲。"另一位打工者回忆刚来上海的日子时说："什么苦差事我都干过，一开始是 450（块）一个月，做装修工 25 块钱一天，学过厨师 350（块）一个月，什么我都干过。"

一位做木材生意的老板谈到自己最初在上海的工作："我踩三轮车上吴淞大桥，从桥下上去，共有三公里路。当时我一个人推上去，推到上面的时候我喉咙管里就冒热气，当时就有一股血腥味冲到鼻子里。我们很小的时候听父母说，劳动中用力过猛会受伤。当时推到离上面十米的时候，血就到了喉咙管里。我就把它吞下去。当时就体验了劳动的心酸和辛苦，这是拿生命去赚钱。"也是因为这次经历，他决定开始自己做生意。

通过讲述"苦"的记忆，打工者展示了"能吃苦"这一积极的认同，让自己在劳动力市场上更受欢迎。与此同时，吃苦为他们的工作提供了意义，将他们的工作与对家庭的贡献联系起来，超越了结构性不平等给他们的职业赋予的位置。那些获得成功的老板也通过"苦"的回忆建立起获得财富的合理性。吃过苦的老板更令人信服，更有道德权威，阻止了针对财富可能的道德谴责和嫉妒。

这些"苦"的回忆和讲述试图唤醒人际交往中的承认和同理心，以此缓解陌生市场组织所造成的异化。工作中的"人情关系"也成为打工者记忆职业生涯的一个重要主题。他们往往依靠自己的亲友熟人获得工作机会，通过熟人关系在工作组织中获得愉悦。在一个法律机制不是很完善的工作世界中，他们依赖熟人关系保护自己的权益。很多雇主和经济组织也依赖"家"和"人情"原则来招募和管理员工。

玉兰从 1990 年代初期就开始在四川老家的镇上工作。她的第一份工作是在一个包装厂里。虽然工作非常辛苦,但她依然回忆道:"那是最好玩的时候,厂里全是一般大的女孩。"1993年,玉兰随自己的姐姐来到上海,在一家饭店打工。工作和生活同样艰辛,"一天到晚"都需要工作,"吃住都在饭店里,冬天都睡地上"。虽然工作辛苦,她依然不忘其中的欢乐,"接触的人多,见识多,自己赚钱自己花"。她特别跟我回忆起她同老板儿子之间友好甚至有一些亲密浪漫的关系。后来她去了另一个餐厅工作,她回忆说:"那个老板娘对我真是很好的,我这副耳环就是她送给我的,过年也会给我买回家的火车票。"

虽然对工作中的人际关系有着美好的回忆,玉兰也还是换了很多次工作和雇主。玉兰后来从事家政服务工作。她回忆道:"我一开始也不愿意去,家里人觉得当保姆名声不好。做了以后发现给别人当保姆也挺好玩的,人家有文化。就像我们在家伺候爸爸妈妈一样。这家每个月给我六百块,那时候给人打工才三百块一个月,不然我为什么去做保姆,就是这个原因。"我认识玉兰的时候,她是社区公益组织里的临时工,但她最后与公益组织的负责人不欢而散,她跟我解释她离开的原因,"你把他当朋友,他不把你当朋友"。

不管是浪漫化还是抱怨自己曾经的工作,玉兰都是通过人与人之间的互动和关系来记忆曾经的职业生涯——饭店工作时与老板儿子的浪漫关系,保姆工作中与服务老人如家人般的关系,社区工作中与公益组织负责人失败的朋友关系。当然,物质(工资、耳环)在这些关系中扮演着重要的作用。有意思的是,虽然这些个人关系在玉兰的记忆中扮演非常重要的作用,但她如今很少再跟她提到的这些人联系,这无疑让这些人际关系更加成为一种回忆,这也让她对曾经的老板和同事的怀旧之情变得可能。

装修工崔军常常怀念从前雇主与装修工之间的关系："我 1998 年来上海的时候,生意好做,现在雇主越做越精了。那时候我们来上海打工的时候。雇主下午买包子给你吃,还有点心,现在没有这种传统了。以前对待我们蛮好的。"现在他们要面对雇主的种种不信任,与此同时装修工也通过各种手段争取多一点利润。崔军自己也承认装修行业现在充满欺骗。"水太深。"崔军有次跟我说,一位他负责装修的房屋雇主在另一个房间里偷偷抽烟,他后来故意把装修费抬高一些,以便给这位不分享香烟的雇主一个教训。其实崔军并不抽烟,甚至反对同伴们经常抽烟,但在这里他用一个"记忆中的传统"来合理化自己的收益。崔军经常跟我回忆他曾经遇到过的"好雇主",他如何与这些雇主继续保持往来和走动,并期待在未来能有"雇主"和"朋友"帮他介绍生意。

　　当然并非所有的报告人都会怀念往日的工作关系,我的许多报告人将过往的工作经历记忆为一系列"羞辱"和"受气"。冯大姐在从事独立的废品回收工作之前有过两次打工经历。第一次是在深圳的玩具厂,"那些主管为了完成任务,不管你做得好,做得坏,一起骂。我看不惯"。第二次,她在江苏启东的一家棉花厂打工,"那个厂里90%都是本地人。工资是计件的。有任务来了后,先让本地(人),我们没有。他们本地人工资比我们高一半"。她在离开这个工厂后决定再也不进工厂打工。一位男性打工者回忆自己在 1990 年代初为什么从一家食品厂辞职转做蔬菜生意时说:"我上了七天班,从白天到夜里三点,我问他工资是多少,他说大概 6 块钱一天。当时他们对于我一个强壮的劳动力(一个月)只给 180 元,我就决定不做了。"他在这里在意的并不是工资本身的多少,而是他不能获得与付出劳动等额的工资。他解释这是由于他被视为"乡下人"从而得不到"正常的待遇"。

现代社会试图创造一种依赖技术理性而不是依赖记忆的组织,然而组织都是有记忆的。组织一方面有其特殊的历史印记,[①]同时组织中的人也以特殊的方式记忆组织。人类学家关于道德经济学的写作记录了地方道德世界如何形塑他们与现代资本主义的相遇。[②] 我们在这里可以看到人际关系和其中的物质流动是如何形塑打工者对职业的记忆。用人情关系来记忆曾经的职业生涯部分地合理化了固有的职场不平等,但与此同时也是在呼唤一种道德认可,试图将"经济"道德化,打破等级,保持改变自己职业生涯可能性。面对工作组织里的不平等,打工者往往不会诉诸法律和阶级共同体,而是希望离开工作组织,得到"贵人"的帮助,成为"老板"。

钱的流动与人情记忆

迁徙和参与市场经济活动让离乡的打工者面对一个比家乡更为广泛的"社会"。他们不再只是面对一个基于人情往来的熟人社会,而是要面对一个陌生人的社会和工作单位这样的非个人化的机构。从前面的分析中,我们可以看到人情记忆在打工者面对复杂的"社会"时起着重要作用;物质的流动,特别是金钱流动构成了人情记忆的一个重要媒介。与此同时,我的报告人经常抱怨现代"社会"太重视物质(金钱),充满不信任,容易让人遗忘人情温暖。一位从事运输

---

① Johnson, Victoria. What is organizational imprinting? Cultural entrepreneurship in the founding of the Paris Opera. *American Journal of Sociology*, 2007, vol. 113, no. 1.

② 参见 Palomera J, Vetta T. Moral economy: Rethinking a radical concept. *Anthropological Theory*, 2016, vol16, no.4.

业的老板告诉我:"社会记忆的时间短,你几年不联系就忘记了。"他特别强调家庭的重要性。他希望自己的儿子多读书,觉得同学情才是"真情"。现在让我们回到金钱这一社会记忆媒介本身,分析金钱的流动所折射的社会记忆与遗忘。

打工者将钱源源不断地寄回家乡,也会给来城市短暂访问的子女和亲戚带一些钱回家。一个家庭的重要生命历程(如盖房、结婚、生病)都牵涉到金钱,可能还会有借贷。由于打工者往往被排除在正式的银行借贷体系之外,他们依赖于亲属和朋友网络以备不时之需。"人情记忆"依赖于金钱的流动,与此同时金钱的借贷依赖于某种"人情记忆"。

当装修工崔军准备盖房结婚的时候,他父亲的一个好朋友送来三万块钱。他家甚至都没有开口向这位朋友借钱。一年之后,崔军准备还款,为了表达他的感激,他在本金之外多给了一千多块钱。这位朋友拒绝了这多加的钱。崔军然后买了很多烟和酒给他,"人家借这么多钱是份很大的情谊"。几年之后,轮到这位朋友家盖房。崔军父亲拿出了自己的退休工资凑了几万块钱给他。崔军跟我解释说,借这个钱就有情分在里面。他希望通过这个故事来诠释什么是真正的友谊。

随着外出打工,原有的亲戚和朋友都分散在不同的地方。我的报告人经常抱怨"一打电话就要借钱"的亲戚朋友。当志平的堂弟从福州打电话来借两万块钱的时候,志平的妻子说自己一家人都要用钱,没有那么多钱。她跟我解释说,为了不亏堂弟的面子,她提出借五千块给他。虽然这个堂弟宣称借钱是为了在福建开厂,但志平的妻子告诉我,"离我们那么远,我们哪知道他借钱干吗?如果是离我们近,我们能知道他是在干吗"。后来堂弟没有接受这五千的借款。

虽然他们好久不见,志平妻子还是觉得不能亏待了堂弟的面子,面子是基于对亲属关系的记忆。不过她并不确定堂弟现在的状况,所以没有答应他的借款请求。借贷并不只是依靠亲属记忆,还要依赖当下的信息。

除了信息之外,金融理财概念和产品的普及也让利息成为金钱流动的市场化参考空间。亲戚朋友借钱到底该不该收利息现在成为一个可以讨论的问题。金钱在市场上可以实现增值,钱的另一个时间线可以根据利息来衡量。理想状况下作为借出方的亲戚朋友不应该收取利息,但借钱的一方可以在还钱的时候通过其他物质方式表示感激。崔军在还钱的时候一开始多给一些钱,被拒绝后赠送了一些礼物。在崔军的老家,即便是亲戚之间的借贷收取一定的利息也是可以接受的。从贵州嫁到崔军江苏老家的一位女性打工者对此表示很难理解。她和丈夫买房子的时候从他叔叔家借了一些钱,需要付出比银行更高的利息。她跟我说:"如果不给利息,他就不借给你。我家人找我借钱我都不要利息。要利息,就感觉很生分的,一点亲情都没有,那还叫什么亲戚朋友啊。"她同时赞赏她丈夫姐姐的"亲情"。她丈夫姐姐借给他们六万块钱买房子,没有要一分利息。当她最近要还钱的时候,他的姐姐说现在不要还,让把钱留着买车。

对"人情"的记忆为"亲人"和"朋友"之间的金钱借贷提供了可能。借的钱也承载着人情的记忆。这种借贷往往不需要任何书面的借条,而是基于口头的约定。欠款拖得越长,人情的记忆也越深厚。与银行机构不同,借贷的双方对借款归还的期限保持模糊。理想中人情是一种弥散的记忆——要记住人情,记得报恩。如费孝通所言:"亲密社群的团结性就倚赖于各分子间都相互地拖欠着未了的人情。"①时逢各类重要的家庭庆典，收礼人会非常细致地记录别人送礼的情况，以免遗忘。

在由陌生人构成的都市城中村，打工者非常谨慎地处理金钱借贷和逾期支付。我经常听到熟人借款后消失的故事。很多小店会用牌子写着小本经营概不赊账。但小店的老板告诉我，赊账依然不可避免。在城中村基于"熟人"和"面子"的赊账依然有可能，当面回绝别人的赊账请求不容易，所以只能用书写的方式表达"概不赊账"。虽然打工者之间也形成朋友关系，借贷时有发生，但不足以确保稳固的信任。崔军借钱给一位同为油漆工的朋友，这位朋友由于在家滞留时间过长而没有按时还款，崔军因此变得非常紧张，几次打电话催款。他以前借过钱给这位朋友，这位朋友也还款了，但过去发生的事件不足以成为一种稳固的社会记忆。最后这位朋友回到了上海，把钱还给了他。即便如此，崔军还是经常跟我罗列那些欠钱不还的朋友，哀叹现在社会"你借钱给别人时你是大爷，找他要钱时你是孙子"。这一错乱的朋友关系标志着一个不再道德的生活世界。

金钱的借贷依赖于人情记忆。在人与人的相遇中，这种人情记忆似乎难以否认。随着打工者离开家乡，进入分工复杂的社会，金钱借贷也依赖于人情之外的信息，特别是依赖市场的信息。金钱不只是在亲属中流通，还是经济领域的媒介。人情记忆依然通过金钱的流动得以维持和更新，但金钱也让人情记忆有了被遗忘的风险。我的报告人经常道德化这种风险（批评亲戚收利息），怀念一个逝去的人情世界，将现代社会批评为"金钱社会"。

---

① 费孝通：《乡土中国》，北京出版社 2004 年版，第 106 页。

结　论

在关于北海商业实践的民族志中,刘欣观察到,与生活在祖荫下的传统社会和"明天会更好"的新中国成立初期不同,当代中国社会淡化了历史记忆,人们生活在"今天的今天",无法表述自我与"我们"之间的关系。[①] 受马克思影响的理论家同样也认为资本主义金钱经济会造成历史意识的丧失和遗忘。[②] 在另一方面,学者们观察到"怀旧"作为一个文化空间在后社会主义转型[③]和都市重构[④]中兴起。在遗忘与怀旧之间,我们还需要分析记忆如何在日常社会生活中得以沟通和制度化。本文以迁徙到城市的打工者为例,分析了日常生活中"家"和"职业"这些制度的记忆如何得以传递。这一沟通不仅限于日常话语本身,而且还依赖于物质形式(如食物、身体、礼物和金钱)。与此同时,物质本身也承载着自己的信息和记忆,让对家庭和职业的记忆充满不确定性和难以表述。这一难以表述恰恰可以促成一种对人情记忆的渴望,对"遗忘"人情的担忧以及对"社会"的道德批评。

社会记忆的研究往往关注记忆如何在"现在"的"社会语境"中形

---

①　Liu, Xin. *The Otherness of Self: A Genealogy of the Self in Contemporary China*. University of Michigan Press, 2002.

②　Eiss, Paul. Beyond the object: Of rabbits, rutabagas and history. *Anthropological Theory*, vol 8, no.1.

③　参见 Lee, Ching Kwan and Yang Guobin, ed. *Re-envisioning the Chinese Revolution: The Politics and Poetics of Collective Memories in Reform China*. Stanford University Press, 2007; Zhang, Xia. "The people's commune is good": Precarious labor, migrant masculinity, and post-socialist nostalgia in contemporary China. Critical Asian Studies, vol. 52, no. 4, 2020。

④　Pan, Tianshu. Place matters: An ethnographic perspective on historical memory, place attachment, and neighborhood gentrification in post-reform shanghai. *Chinese Sociology and Anthropology*, vol. 43, no. 4.

成。"社会"在这里成为控制和解释"记忆"的框架和语境。本研究试图表明"记忆"及其物质媒介形式塑造着我们对"社会"的理解。当然我们可以看到"记忆"很难完全控制现代"社会",而是给"社会"带来了新的复杂性和不确定性,于是现代社会越来越多地诉诸书写的法律、合同以及其他抽象的信任机制。这些抽象的社会机制与记忆的关系需要在今后的研究中进行更为细致的探讨。

第八讲　丧葬仪式中的污染观念与卫生实践

——以上海崇明乡村为例

唐沈琦

在理解"人"的问题上,19 世纪的欧洲社会思潮主张人性普同(psychic unity)的假设,仪式作为人类学领域的重要概念,被用于分析和理解人类经验的普同范畴,也被认为具有普遍性的社会功能。同时,早期人类学家认为,在宗教的构成中,存在信仰和仪式这两个基本范畴。其中,信仰是首要的;仪式是次要但必须的,仪式可以作为分析工具被用来描述宗教。在这一过程中,仪式被视作社会的实体结构在文化行为模式上的映射,[①]仪式本身成为认识、描述和分析其映射对象的中介。因而,早期的仪式概念具有双重面向,既是被分析的对象,也是分析工具,最终都被指向功能的归属。这一点,在强调社会中心论的社会学派的论述中尤为明显。其中,涂尔干强调,宗教在发挥社会功能时,仪式作为一种文化,起到整合社会并维系集体情感的作用。同时,仪式能使处于社会中的个体跨越神圣和世俗事物的分类边界,重塑道德共识。[②] 范热内普(Gennep)则更关注社会结构作用于个体的关系过程,他回归到社会生活的视角,认为个体在社会结构中所处的位置是动态的,并具备多阶段的特点,仪式的功能

---

① ［美］克利福德·格尔茨:《文化的解释》,纳日碧力戈等译,上海人民出版社 1999 年版,第 175 页。
② ［法］爱弥尔·涂尔干:《宗教生活的基本形式》,渠东、汲喆译,商务印书馆 2013 年版,第 11 页,第 296—305 页。

则在于确定和重申个体社会位置的变化,根据社会位置的变化状态,这一过程可以被依次概括为"分离""阈限"和"融合"。① 发展到象征人类学,仪式则作为一种动态的文化,通过象征的过程,确认个体的认知与存在的转变。同时,仪式具有使个体突破原有社会结构的功能,形成"反结构"的存在模式,实现社会地位的提升或逆转。② 到这一阶段,仪式研究开始关注个体身处的具体场景与情境,以及交织其中的个体认知与互动,仪式本身的动态的文化特性也开始被逐渐关注。直到阐释人类学诞生,仪式不再作为分析的工具,也不再被视作社会结构运行的连带机制,而是成为独立的阐释对象,具有自在的意义体系。③

　　丧葬仪式的相关论述和仪式理论的变迁密切相关。死亡是人生命的一部分,经由人的认识,成为一种社会事实。换言之,死亡既是自然实在(reality),也是社会实在,人类学则更关注"死亡"的社会及文化意涵。关于丧葬仪式的人类学研究,同样历经了从功能归属到意义阐释的研究转向。在功能分析阶段,早期的年鉴学派强调丧葬仪式的社会作用。涂尔干认为,丧葬仪式能整合那些因为家族成员亡故而被削弱认同与情感的社会群体,从而维系道德共识。④ 罗伯特·赫兹(Robert Hertz)则认为,丧葬仪式将死者从人类社会排除出去,实现位置和身份的过渡,经由这个过程,社会才能恢复原有的秩

---

① ［法］阿诺尔德·范热内普:《过渡礼仪》,张举文译,商务印书馆2012年版,第146—165页。
② ［英］维克多·特纳:《仪式过程:结构与反结构》,黄剑波、柳博赟译,中国人民大学出版社2006年版,第41—42页,第202—206页。
③ ［美］克利福德·格尔茨:《文化的解释》,纳日碧力戈等译,上海人民出版社1999年版,第174—204页。
④ ［法］爱弥尔·涂尔干:《宗教生活的基本形式》,渠东、汲喆译,商务印书馆2013年版,第11页,第550页。

序。① 当人类学开始产生关注意义的主体性阐释的研究转向时,人们也开始关注丧葬仪式中以实践为主导的文化的生成过程。在实践理论中,人们对实践的即时性(temporality)和历史性存在论辩,②这一点对于理解具有特定历史情境的丧葬仪式尤为关键。华琛和罗友枝就近现代中国社会的丧葬仪式的结构性和历史性问题进行了论辩:华琛认为,西方的宗教研究范式倾向于将实践作为信仰的解释工具,而中国社会的主流社会思想和伦理观念则最终指向人们的日常实践,两者不存在解释和被解释的亲和性。因而,华琛主张,人类学者无须试图从中国的丧葬仪式中归纳出具有普遍性的信仰结构,而应着眼于具体的仪式实践,去探讨文化何以通过实践而生成。在他的论述中,中国社会的"丧"和"葬"具有不同的实践方式:丧礼存在特定的结构,人们通过结构化的丧礼操演来实践同质性的国家认同;到葬礼阶段,人们被准许在结构同质性的基础上对葬礼进行地方化的修改,在"夹缝中"实践地方认同。在华琛看来,在文化生成的过程中,仪式的信仰和观念并不是最重要的,真正发挥作用的是"操演的惯习"(the preoccupation with performance)以及整合和修改这些惯习的即时性策略,这些策略依据关系性的实践生成,并且与时间无涉。③ 罗友枝则针锋相对地认为,在中国社会的丧葬仪式中,信仰和观念是编织实践的意义之网,而前者的历史特性赋予实践相应的时间属性。因而,人们应该结合历史情境以及解释那些情境的观念中去理解实践主体、

---

① [法]罗伯特·赫兹:《死亡与右手》,吴凤玲译,上海人民出版社 2018 年版,第 69 页。

② Ortner, Sherry B. *Anthropology and Social Theory*. Duke University Press, 2006, pp.8 - 11.

③ Watson, James L.. The structure of Chinese funeral rites. Watson, James L., and Evelyn S. Rawski. *Death Ritual in Late Imperial State and Modern China*. University of California Press, 1988, pp.3 - 19.

实践过程和实践意义。①

在丧葬仪式中,具有时间属性的仪式观和具有即兴性质的实践策略这两者是如何在意义的交互和对话中生成动态的仪式文化的?笔者就这一问题,对上海崇明三星镇烈士村某大队的丧葬仪式进行了田野观察,并通过当地村民和仪式专家的评说,理解当地人如何在处理死亡的实践中进行动态的意义构建。

意 义 的 传 统

在崇明农村的一场丧葬中,人们通过仪式实践地方性意义的传统。人们用地方性的知识来处理死亡,试图用地方性的思维与实践将死亡"去陌生化",从而淡化死亡所带来的社会与文化结构的断裂性紧张。在仪式中,男性和女性承担了不同的义务和责任去继承或消解死亡带来的污染,并在仪式场景的操演与日常生活的实践中,将这种关系不断结构化。

"不洁净的云朵":死亡污染

1950—1953 年,上海市政府对散布于城市和乡村的积柩与浮厝进行了大规模的火化处理,清除积柩 85 098 例、浮厝 23 623 例,②清理出近 1 000 亩土地。③ 作为一种简明、高效的"净化"手段——火化,得到了政府的青睐和重视。1956 年,中央政府签署《倡议实行火葬》的倡议书,在全国范围内正式推行火葬。此后,上海各郊县都纷纷

---

① Rawski, Evelyn S. A historian's approach to Chinese death ritual. Watson, James L., Evelyn S. Rawski. *Death Ritual in Late Imperial State and Modern China*. University of California Press, 1988, pp.20 - 34.
② 上海市档案馆,A6 - 2 - 83。
③ 《上海通志》,第四十三卷。

开设火葬场,土葬逐渐绝迹。同时,城市的殡仪馆被纳入行政体系辖范围进行制度化改造,并入了火葬场的功能,并逐渐在乡村普及。

崇明位于上海东北方位,与城区隔江相望。在崇明的乡村里,人们依然保留了地方性的丧葬仪式,并在仪式实践中编织关于死亡的意义。2018 年 1 月,崇明三星镇烈士村某大队的李爷爷因突发脑出血去世了,享年 68 岁。李爷爷的配偶李奶奶,以及两个儿子和一个女儿,给李爷爷举行了为期 3 天的丧葬仪式。

在一场当地人的丧葬礼仪中,家庭是重要的仪式场所,包括小殓、大殓和出殡在内的所有仪式都在死者的家中进行。在村子里,人们往往一家一宅,在政府对村民的居住面积进行统一规划后,一般每户可以有 120 平方的宅基地,营建住宅的楼层为 1 至 3 层不等,底楼往往会有一间宽敞且南北通透的主屋,作为日常生活中最重要的社交场所,同时也是进行各类仪式的场所,包括丧葬仪式。李爷爷去世的消息传开来后,前来吊丧的人逐渐多了起来。李爷爷的两个儿子把底楼主屋的前门门板给卸了下来,小心地把李爷爷的遗体挪到门板上,接着移到主屋的正中间,门板下撑了几张长凳,灵床便搭好了,主屋成了灵堂。死者停灵后,村民从村子里请来他们所信任的丧葬仪式专家邓华①,为死者进行小殓仪式。小殓仪式的主要内容是为死者及其子女剃发与修面。邓华准备好特定的剃刀和剪刀,先给死者剃发并修剪胡须,再按照序齿,用同一组工具,依次给死者的子女及其配偶进行剃发或剪发,男性则需要修面。仪式规定,死者的子女在剃发 49 天后才可以再次剃发,以示居丧。其中,如果死者女婿的父母健在,则女婿只需要修面,不需要剃头,以免"冲突"了女婿的父母;

---

① 此处做匿名化处理。

反之,死者的儿媳,不论其父母是否尚在,都需要剪发,完整地完成小殓仪式。在村民看来,这一针对女性的仪式要求被总结为"先敬公婆,再敬爹娘"。值得注意的是,这位负责剃发修面的仪式专家邓华,同时在自己家中经营理发生意,既给活人理发,又给死者进行小殓仪式。邓华的儿媳则垄断了村镇上的寿衣与棺材生意,每一宗生意几乎都是经由邓华从中穿针引线促成的。此外,邓华还给丧主介绍合适的丧事宴会的流水席承包队。在村里人看来,邓华不仅仅是一位丧葬仪式的仪式专家,也是丧事"一条龙"的可靠中介。在灵堂内,所有人都会帮忙,打水的打水,收拾的收拾,妇女们纷纷围坐在死者身旁,手折各类"元宝"。人们并不介意和死者共居一室,也不介意触碰到和死者有关的用具。一切的社会关系似乎并没有因为李爷爷的逝去而中断或改变,除了那或浓或淡的哀伤。

小殓仪式结束后,需要为死者换上寿衣,邓华便向死者家属介绍选购寿衣的注意事项。在崇明乡村,寿衣应叠穿,且数量必须为单数,一般需要 5 至 7 件,而在上海其他远郊地区,最多可至 13 件。[①]邓华认为,寿衣最为重要的功能,在于掩饰遗体的生物性变化,营造出死者依旧如"生"的图景:

> 死人的衣服和活人的衣服是不一样的。厂里生产寿衣的时候,一般会把寿衣的袖子做得比活人的衣服更长一些,这样死人穿上的时候才能覆盖住手,这样看上去更庄严、更体面一些。这是很有必要的,如果天气比较热,尸体难免会变形,所以寿衣的尺寸比活人穿的衣服要大一点。(乡村丧葬仪式专家邓华)

---

① 《嘉定县志》卷三十三《风俗宗教》,第一章《风俗》。

即便存在一些特殊情况,使得死者无法维持原来的形貌,人们依旧会把遗体停放在底楼主屋,仪式照旧如常。据一名村民回忆道:

> 以前村里有人不小心跌进江里溺水而死,捞出来的时候人都肿了,但还是停在家里,一切按照老办法操作。人胀大得都放不进棺材,只能放在门板上。大夏天的,整个屋子都非常臭,远远路过都能闻到。(村民)

与此同时,人们会用地方性知识来处遗体的生物性变化;换言之,人们会用文化性的手段来处理死亡所带来生物性的问题。一般而言,尸体在特定的物理环境中会发生腐化,产生视觉可辨的形体变化,同时产生特定的气味和液体。在酷热的夏季,如果给死者裹上5—7件寿衣,将加速尸体的腐烂。为了维持遗体的干燥、整洁和"体面",人们会在出殡前将尸体放置于卸下的门板之上,并确保灵堂两端通风。如果经济条件允许,人们会置办实木并且接榫的厚壁棺材。由于棺材的外壁较厚,隔绝热量的作用更为显著,将延缓尸体腐烂的过程。有时,由于气温较高且放置时间较长,尸体渗出液体,人们会将初熟的稻谷碾碎,混合石灰,一起撒在棺材的四条缝隙之中,以防止渗液。如果天气实在酷热,尸体腐烂严重,人们便会去购买冰块,放置于棺材四周。此外,如果尸体在腐烂的过程中面部发生变形,人们会准备一些粉皮,贴在死者的面部,以防止进一步的变形,因而,在崇明方言中,"脸上贴粉皮"逐渐成为一句具有诅咒性质的粗话。由此可见,在村民看来,死亡确实会给人们带来实质性的污染,即尸体腐败所产生的生物性的不确定性。但是,在丧葬仪式中,人们需要去刻意淡化心中的死亡惊诧,按照当地丧葬仪式的意义传统来完成仪式。同时,在处理死亡污染时,人们会用地方性的知识来回应这些不确定性,包括用地方性的物料、农作物乃至食物来将死亡污染进行"去陌生化"(de-familiarization)的解释和应对,从而将死亡所带来的不确定性纳入日常生活的思维范畴,将其"自然化"(naturalization)。当思维完成了对目标客体的驯化,死亡及其污染不再是一种惊诧,它成为人们可以用熟悉的方式来理解和认识的对象。

对当地人而言,死亡污染之所以需要成为被思维所"驯服"的对象,在于他们试图淡化死亡本身对死亡发生之前的结构性的社会关系的影响。因而,死亡的"污染"问题是象征性的,本质上是由死亡所引发的社会与文化结构的意义断裂与存续的问题。罗伯特·赫兹曾将死亡所带来的结构性紧张比喻为"不洁净的云朵",它笼罩在死者的周围,污染了它所接触的一切事物,不仅包括那些与尸体有直接接触的人或物,而且还包括在生者的观念中与死者的形象有着密切关系的一切事物,包括死者的财产、所有物以及居所等。[①] 因而,死亡并没有切断或消除死者的社会属性,死者在社会结构中的位置依然清晰地标记在活着的人身上,并以责任和义务的形式提醒人们以合乎文化的意义传统的方式处理好一切待处理的问题。因而,死亡污染背后的根本问题,依然是社会秩序的问题。玛丽·道格拉斯曾指出,污秽观念是一种象征体系的表达,在这一体系中,存在诸多的分类图示,从而构成秩序。事实上,在现代医学病原学和卫生学(它们从生物学的角度定义污秽)之前,人们对污秽的定义更能显示污秽的本质:污秽是位置不当的东西,被排除在分类体系以外的事物。[②] 当死

---

① 〔法〕罗伯特·赫兹:《死亡与右手》,吴凤玲译,上海人民出版社 2018 年版,第 26 页。
② 〔英〕玛丽·道格拉斯:《洁净与危险》,黄剑波、卢忱、柳博赟等译,民族出版社 2008 年版,第 44—46 页。

亡来临,死去的人的社会属性和社会关系并没有消失,通过继承或记忆的方式继续存在,然而,如何继续去维持这些属性和关系在社会、文化结构中所隐含以及延展的意义,却需要活着的人的实践。当人们无法对死亡发生以后的生活进行新的秩序安排或意义归属,便会产生死亡污染,从而造成结构的断裂与道德的紧张。

污染的传承与消解:基于性别的分类

作为一种结构的断裂和道德的紧张,死亡污染会在人们心里建立起责任和义务的边界,从而主导个人的死亡仪式实践,并在仪式结束后,使人们重新确立自身的类属以及身份的意义。在崇明乡村的死亡污染的观念中,男性和女性存在着截然不同的、基于性别的属性分类,这一分类直接决定了男性和女性对死者及家庭所应承担的权责道义。

男性往往会以社会性的方式传承污染。在李爷爷的葬礼中,李爷爷的长子,承担了主祭人的角色。长子和次子都需要和死去的父亲一样,用同一把剪刀和剃刀剪发、修面,形成形式上的统一。大殓结束后,他们需要在死者的棺材顶端敲 6 个钉子,且最后一枚钉子只能被敲进一半,在当地人看来,这预示着在死者逝去后,其家庭成员将会"出人头地",因而,敲钉子的仪式,也被称为"敲子孙钉",这是男性所特有的仪式。李爷爷的儿子们在整个丧礼中占据绝对话语权,他们白天安排大小事务、清点人数、置办酒席、清算礼金和应答交际,晚上则在停灵的主屋旁喝酒、打牌和喧闹,他们不会不加掩饰地流露出悲伤的情绪,他们依旧扮演着喜怒悲戚皆不形于色的男性角色。他们以沉稳的情绪,实践着他们作为具有家庭核心地位的男主人所应履行的职责。

女性则截然不同,丧葬仪式会尽可能地呈现她们丰饶的身体以及繁衍的能力。在大殓仪式中，有一个和女性相关的环节：死者的女性长辈亲属，姐妹等血亲，女儿、孙女等直系亲属，以及堂、表姐妹等平辈近亲，聚集在一起，围着死者哭泣。与此同时，人们在死者的灵床前放置一块瓦片，并在瓦片上焚烧纸钱，焚烧殆尽后，把灰烬收集起来，再将其收纳在白麻袋中，最后挂在死者的腰部。在崇明方言中，女儿被称为"瓦头"，在当地人看来，仪式中的瓦片，则象征着家族中的所有女性。她们通过仪式的操演，向死者传递承诺，她们将承担女性的责任和义务。然而，仪式中女性角色的呈现往往是动态的。在大殓和出殡仪式上，人们需要绕着死者的棺椁绕行三圈，已婚女性则行走在她丈夫的身后，头戴一朵红花。在清一色的素服中，红花异常醒目。在当地人看来，尽管丧事是悲伤的，但女性的身体却具有繁衍的能力，这是值得欢喜的，她依旧可以像初嫁时那样，用红色来点缀自己的女性身份。在向死者的棺椁叩首，重申并明确了自身的责任和义务后，女性便将头上的红花换成了白花，她的身体便又开始承担悲伤的职责了。

在崇明乡村，女性和男性并不具备平等的家庭地位。在当地人看来，女儿"终究是要给别人的"，女性在出嫁前短暂地保留了和自己父母、兄弟同居共财的权利；出嫁后，家庭内部的财产分割便将女性明确地排除出去。在村子里，依照现行法律，女性和她的兄弟们一样，共同拥有对父母的宅基地的继承权。然而，事实上，大部分的父母都会在女儿出嫁后，要求女儿放弃继承权，并对其施加巨大的道德压力。因为在父母看来，女性最终应该在她的夫家得到她相应的财产，而不应该占用父母家留给兄弟们的经济资源。因而，在崇明农村，女性后代被排除在了家庭财产的继承序列之外。与此同时，男性后代对家庭的意义则被再次凸显出来。在李爷爷家，家庭地位最高的便是李爷爷的两个儿子,他们外出经营物流生意,赚了不少钱,是全家人的希望和骄傲;李爷爷的大女儿,则甚少受到关注。她嫁给同村从小熟识的男性之后,便跟随丈夫前往上海市区,丈夫打工,而她则没有再工作过。她生了两个儿子。大儿子患有先天残疾,她一度怀疑是因为她曾在孕期服用过感冒药。怀着对丈夫的愧疚和自责,她又给丈夫生了个儿子,所幸小儿子非常健康,她这才松了口气。在崇明农村,女性的父母非常注重女性的生育"职责",并认为这是女性从夫家获得稳固地位的重要方式,也是让他们对女儿未来的婚姻生活"放心"的重要途径。因而,对于女性而言,她们需要承担来自夫家和原生家庭的生育压力。

因而,在丧葬仪式中,男性和女性后代之间基于性别的权责义务的差异,通过一些极富象征意味的操演场景,被清晰地呈现出来。在虞祭仪式中,人们让死者的长子坐着,让长女跪地,他们对面的桌子上摆着死去的父亲的灵位。人们在桌椅之间搭上一条白色的麻布,通过手持操作,使死者的灵位在麻布匹上滑行,从跪拜着的女儿手中滑过,从而最终回到坐着的儿子手中。这一仪式试图表明,死亡带来了社会关系以及生命意义的悬而未决,男性和女性需要履行不同的职责和义务来使断裂的结构重新恢复秩序。在这一过程中,男性是通过社会性的继承来重申责任和义务,他继承了有形的物质遗产以及无形的文化资源,并承担了家庭和家族的社会期望。因而,男性通过社会性的继承方式承担了死亡污染,并将污染本身加以净化。与此同时,女性则截然不同,她们被要求履行女性的生育职责,实践当地人所认同的规范性的女性角色。她们生物性地继承了死亡污染,换言之,她们将死亡所带来的责任和义务具身化,并在日常生活的关系互动与主体实践中不断生产并加强这些强制性、规范性的义务和责任。

即时性的实践

在殡仪馆体系对死亡事务进行客观化的意义构建中,人们为了维持地方性丧葬仪式的实践意义,对这两种实践理念截然不同的死亡卫生处理方式进行了动态的、光谱式的即兴实践,以重申死亡问题中的道德事项。

"破碎的客体":死亡仪式标准化

20世纪50年代初,出于公共卫生和城市秩序的考虑,政府对城市殡仪馆机构进行了功能和意义上的重构。20世纪20年代末期,一位美国商人在上海当时公共租界的胶州路上开设了上海首家商业性殡仪馆,即万国殡仪馆。当时,万国殡仪馆租用了一幢花园洋房,作为进行丧葬的场所,并从美国进口不同材质的棺材,以满足不同经济地位的客户的需求。受到万国殡仪馆的启发,其他的殡仪馆纷纷效仿。1930年,一位中国的木材商人创办了安乐殡仪馆。值得注意的是,安乐殡仪馆设立在一处四合院内,内部装修与陈设都是传统的中式风格;除此以外,安乐殡仪馆出售地方性丧葬仪式所需的各类道具或物件,如寿器、寿衣等,并代办各类丧礼事务,如出租孝服和丧幛,代为布置灵堂,代请仪式专家等;与此同时,安乐殡仪馆开设寄柩业务,开辟了一栋三层楼高的寄柩楼。1937年以后,大众殡仪馆等大型商业殡仪馆纷纷建立。至1947年,散布于上海各区的殡仪馆或殡仪代办机构约有40多家,殡仪行业发展得颇为迅速。① 从上述材料中可以看出,20世纪50年代以前的殡仪馆机构,

---

① 薛理勇:《丧葬习俗》,上海文化出版社2011年版,第164—170页。

依然具有较为显著的地方性特征,保留了诸多地方性的仪式要素,并表达出一种观点,即丧葬仪式是一项具有地方性意义的事项。

然而,20世纪50年代初期,殡仪馆机构的功能和意义开始发生变化。在当时,政府将城市的基层组织划分为两大类别:"有组织"的单位与"无组织"的里弄,因而,单位制度与居委会组织成为两类互为平行的城市基层管理制度。[①] 单位(working unit),是城市所特有的经济与生产单元,同时也是组织与制度的构成基础。通过单位,城市居民可以获得相对固定的岗位、收入、社会保障和社会福利。更为重要的是,单位将城市居民的私人生活纳入一个无所不包的行政管理体系之中。个人、单位与国家之间建立起特定的行政性的关联,单位成为统一的国家权力与分散的社会成员之间的联结与中介,通过单位的中介作用,国家实现对个人的整合与控制。国家行政力量的介入,对个体社会生活的各个方面都发挥着重要的影响,其中,个体的死亡事务的安排,同样也被纳入行政管理体系之中。基于笔者对当代上海城市殡仪馆机构所进行的丧葬仪式的参与观察与部分非参与观察,其仪式次序大致可归纳如下:

表1 当代上海殡仪馆丧葬仪式流程

第一天	1. 家属为死者洗净身体,穿寿衣 2. 初步整容,五官复位 3. 联系殡仪馆接尸 4. 医院开具居民死亡医学证明 5. 家设简易灵堂,挂上遗像,供桌上备好香炉、蜡烛等 6. 通知死者亲属及单位,发讣告 7. 采购丧葬物品:黑纱、孝章、白花、白布、花圈等 8. 准备挽联、挽幛等 9. 前往殡仪馆预定礼厅

---

① 郭圣莉:《城市社会重构与新生国家政权建设》,复旦大学博士论文,2005年,第156页。

第二天	家属携带死亡证明等证件办理《居民死亡殡葬证》
第三天	1. 出殡 家属中直系晚辈戴黑纱（男左女右），其他来宾戴白花；送殡车辆系黑布；准备死者遗像；主祭人手持死者遗像，进入殡仪馆 2. 进入殡仪馆后，领取遗体 3. 在礼厅举行追悼会 4. 仪式结束后，盖棺入殓，遗体火化 5. 领骨灰 6. 骨灰寄存

　　殡仪馆对死亡本身的处理方式，具有程式化和普遍性的特征，剥离了死亡的地方性以及经受死亡所带来的结构性紧张的每一个人在应对死亡时的主体性。在丧葬仪式的地方性要素中，举行丧礼的场所，以及实践丧礼的主体，都对一场当地人的丧礼的意义构成起到重要的作用。殡仪馆取代了村子、家宅等一系列进行丧礼的地方性场所，殡葬职工也取代了丧葬仪式中的关系群体，即那些具有亲属关系、承担着不同的死亡污染的群体。同时，意义和传统，也是实践的"时间性"的基本要素，在殡仪馆实践中，不再具备时间的意义，而是被同质性的内容所标准化。在殡仪馆的专业化和技术化过程中，遗体被客体化了，遗体生前的个体特质和社会关系都被刻意淡化了，标准化的操作过程无法如同地方性的丧葬仪式那般重申并强化死亡对社会与文化的意义。遗体经由殡仪技术的目光凝视，原先所承载的社会意义被打破，转而被归属了"破碎的客体性"（crushing objecthood），[1]

---

[1] Fanon, Frantz. *Black Skin, White Masks.* Translated by Charles Lam Markmann. Pluto Press, 1986, p.109.

人们关于死亡的实践意义也被彻底重构。

实践的光谱：道德的确立

尽管殡仪馆重构了处理死亡时所涉及的意义，但人们出于地方性的世界观，依然会通过即时性的实践策略，来修改和创造实践的过程，从而维系实践中原有的地方性意义。

如果我们把实践比喻为一个"光谱"（spectrum），可以清晰地发现人们的实践观念所呈现出来的动态性。在崇明地方性的丧葬仪式中，消解或继承死亡污染，是仪式实践的主导性观念；而在以殡仪馆为实践主体的死亡事务管理体系中，对社会秩序问题的关注，构成了一种总体性的实践的意向基础。可以发现，在崇明的乡村，丧葬仪式实践往往会处于一种"摇摆"的状态：人们在特定的仪式阶段，会按照地方性丧葬仪式规范进行仪式实践，从而构建意义的传统；而在另一些特定的仪式阶段，则会选择殡仪馆所提倡的处理方式来进行实践。这些选择是策略性的，人们在选择前往往会考虑自己是否已经在仪式表演的阶段性场域内充分表演完自己的权责道义，如果已经表演完，人们便会选择殡仪馆的仪式实践方式，后者虽在属性上具有人为的强制性，但也是一种便捷的丧葬仪式结束机制。在这一过程中，人们的选择是审慎且动态的，他们需要确认，是否能在动态的实践中确立自身的道德属性。

地方性的丧葬仪式实践观念和殡仪馆对死亡事务的处理观念存在秩序主体的差异。地方性的死亡观念强调死亡带来的社会和文化结构的断裂性紧张，而缓解这种紧张的途径在于重申道德秩序。在地方性的丧葬仪式中，人们对待遗体、应对污染的手段是仪式性的，客观上可能带来生物医学层面的不确定性。然而，殡仪馆机构所推行的死亡事务处理方式,则是一种基于生物医学的卫生洁净标准的实践,其目的在于维持人们日常生活中的本体健康,以及构建一类总体性的秩序,这一秩序是建立在对死亡的客体化处理的基础之上的。经由这一理念,死亡的社会属性被抽离,成为一种可以被客观处理的实在问题。

在崇明的乡村,人们会在殡仪馆收尸前,先在家中举办为期三天的丧礼。在办丧礼的过程中,人们可以按照意义的传统布置仪式的场景、道具、人员以及表演的脚本,从而重申道德主张。但这一过程并不是封闭的,会渗入其他的实践观念。例如,当天气着实炎热时,人们为了避免遗体腐烂,维持遗体在视觉上的庄重性,往往会从殡仪馆处借用冷冻棺材。在李爷爷的丧礼中,李家长子和次子曾因为"是否需要借用冷冻棺材"的问题而发生争论。长子认为,人们应当遵循仪式的"传统",直接停灵即可;而次子认为,家中人员众多,为避免遗体受热发生变化,还是用冷冻棺材较为合适。最终,作为折中,两人决定在小殓仪式结束后再使用冷冻棺材,因为,小殓仪式中有一些重要的仪式,需要人们进行道德的表演,使用冷冻棺材将会使这一表演无法完成。此外,在殡仪馆接尸前的那三天时间里,人们会尽力做完所有的彰显道德要素的仪式程序。换言之,当人们完全消解和继承了死亡污染,即面对死亡时人们应当履行的责任和义务,人们才会把遗体送到殡仪馆,进行标准化的操作。

因而,人们的丧葬仪式实践,并不是一个静态或封闭的过程,而是一个朝着不同实践观念摇摆的光谱式的过程。人们通过策略性的实践选择,最大限度地确立道德事项。在摇摆的选择中,人们的观念是相对确定的,而实践的类型却是摇摆的,这一形式的偏差,也将帮助人们构建"选择"的意义。

结　论

通过对崇明乡村的丧葬仪式考察,笔者试图回应华琛和罗友枝关于中国社会中的丧葬仪式实践的即兴性和时间性的探讨。华琛认为,实践是构成丧葬仪式的主体,人们在总体性的同一结构上对丧葬仪式的修改是一种策略性的即兴性实践;罗友枝则强调实践的时间性,关注实践背后与特定的历史情境互相交织的意义之网。笔者基于田野调查发现,丧葬仪式中的污染观念是一种时间性的意义传统,人们基于仪式专家的指示,不断进行承袭性的实践,并从中构建丧葬仪式实践的意义:人们基于性别分类的秩序明确不同的责任和义务,从而淡化死亡所带来的社会与文化结构的断裂与紧张,重申道德秩序。在这一过程中,基于历史沉淀的死亡观念发挥着至关重要的作用。然而,仪式观念的时间性不代表仪式中不存在即兴的实践。在殡仪馆体系的冲击下,人们为了应对前者将死亡进行客体化处理的实践方式,在地方性的丧葬仪式观念和客体化的死亡事务处理理念中进行了实践的摇摆,从而进行光谱式的实践,在这一过程中,人们通过动态的实践选择,得以确立道德的事项。

第九讲　自我身份与文化认同：中国高校国际化教学实践的人类学思考①

朱剑峰　郭　莉

　　国际化教学是当前中国高校中正在兴起的一大趋势。它不仅是跨国教育产业发展的结果，也是全球化和地方转型语境中多元文化交流的表现。然而，在国际化教学日常实践中，却出现中国学生与外国学生不断二元化的现象，这不仅有悖"文化交流"的初衷，更阻碍了高校教育"国际化"的文化进程。本讲通过四个教学案例，从三个方面对国际化教学进行讨论：首先，可以把中国教育的国际化放置于"多元文化主义"的框架内研究，从而和欧美教育相关问题接轨，以利于今后进一步深入交流；其次，课堂实践中的中国/外国学生身份认同反映了对自我、文化和代表的核心概念的认知，因此在身份认同的框架下讨论就能更好地阐释相关实践问题；最后，当代人类学方法论不仅提供了本文的田野研究方法，而且指导笔者进行国际化教学的实践。本讲旨在通过提倡在跨国多元文化主义框架内对国际学生身份的同一认知，以改变目前中国/外国两元身份认同的现状及其带来的不利影响。

缘　　起

　　因工作关系，笔者与各国留学生接触频繁，深感复旦大学全方位

---

① 本文初刊于《复旦教育论坛》(2011年第1期)。此为修订版，文字有所增删。

的国际化交流和教学日渐繁荣与发展。一位中东学生讲述了他在中国上课的感受:"老师,我喜欢被称为'国际学生'(international students),但很多老师称我们为'外国学生'(foreign students)。"另一位巴西留学生的感受则揭示了更多的问题——"中国人看到我,就马上以为我的母语也是英文,因而会主动和我用英文对话。可当他们发现我是从巴西来的,讲着带口音的英文,不符合他们的想象时,则显得十分失望。"一些来自非洲或非裔美国学生则诉说了自己不时受到另眼相待的遭遇。这些例子都表明了我们所谓的促进各国文化交流的"国际化"教学并未达到预期目的,有可能还有悖初衷,出现了外国和中国的二元对立趋势。有意选用"国际学生"来代替"外国学生"是笔者国际化课堂实践教学理念的体现。"国际学生"一旦被贴上"外国"的标签,独立于本土学生之外,不但不利于"国际交流",反而强化个体的"民族意识",甚至导致精粹主义的极端认知倾向。笔者认为"中国/外国"两元身份划分的实践贯穿在相当多的国际留学生课堂上,这种身份的认同反映了更为深层的"自我/他人"关系的理解。本文将以笔者人类学国际教学田野经验为例,在"多元文化主义(multiculturalism)"和"身份认同"(identity)理论框架下对国内国际化教学的现状进行理论分析和讨论。

理 论 框 架

在欧美教育人类学界,学者对多元文化主义的讨论自 20 世纪 90 年代以来主要集中在"移民文化"对主流文化的"抵制"(resistance)。尽管这些论述深化了人们对文化中潜在的不平等权力关系的认知,但某种程度上"抵制"一词限制了多元角度的引入,不利于多维度、过程式实践性的分析,也有违于福柯提出的"权力关系"理论中超越主体/客体界限的本意。荷兰学者洛蒂·埃尔德林对多元文化主义在不同的文化背景(北美、欧洲的一些国家)中进行了比较研究,以补充"抵制论"的不足。① 他认为欧洲多元文化主义的现状是由于二战后前殖民体系解体和经济扩张的结果,其政治实践以"同化"策略为主;而美洲则是传统的移民国家,其政治实践以"多元"为导向。笔者认为:当前国内大部分高校中呈现的带有中国特色的国际化教学趋势是中国与世界接轨的全球化工程的产物。它既不同于欧美,也不同于源于中国少数民族政策的"多元一体",抑或对农民工子弟的教育融入问题。笔者认为这恰恰呈现了一种欧美教育人类学界和中国教育学术界都尚待研究的新领域。这种"多元化"的起源又恰以"文化交流"为主旨,而且在当前以流动性为特征的全球资本主义时代,这种非移民政策下的跨国文化交流产生的文化多元主义必将占有重要地位,姑且称之为"跨国多元文化主义",以区别移民带来的多元文化主义。这种交流具有时间短、流动性强、以增加学生文化体验为直接目的等鲜明特征。这种高频率的文化交流项目已经在中国很多高校内形成特有的"文化现象",在操作层面上给我们的教学以及管理都提出了一系列挑战:国际化教学的设置目的应是双向还是单向的?我们应向留学生讲授纯正的中国文化,还是把中国文化置于历史和社会变迁的复杂背景中去了解和感悟?我们是应专设留学生文化课程,还是把中国学生融入其中?笔者的主张和实践都证明了选取后一种融合式的方法能更有效促进国际文化交流,也有力地冲击着我们固有的"国界、边界、自我/他人、身份"等观念,而这些观念恰是当

---

① Eldering, Lotty. Multiculturalism and multicultural education in an international perspective. *Anthropology* & *Education Quarterly* 27.3 (1996): pp.315 – 330.

代人类学界聚焦的热点所在。

　　教育建构"自我"的过程是通过"自我和他人"之间的关系不断被塑造来实现的,即教育理念决定了教育对象对"自我身份"的文化理解。本文强调个体认同是制度化的日常实践对个体的塑造,留学生管理制度自然包括在内。例如,留学生与中国学生分而治之的理念体现在住宿、活动和课程设计等各个方面,这种实践无一不强化了中国/外国两元分化。因篇幅所限,本文将集中论述课堂的教学实践。我们反对僵化的中国学生和外国学生分立的自我身份认同,它不仅包括留学生将"中国学生"作为中国文化的代表,更重要的是还包括了中国师生眼中的"外国"想象。本文承袭了建构主义(constructivism)理论中对身份认同的解释,即它具有流动性(fluid)、情境性(situated)和可协调性(negotiated)的特征;①同时也吸纳了后结构主义(post-structuralism)理论中主体形成过程中权力关系的作用。② 笔者认为,在一线课堂实践中,教师和学生的互动就是一种权力关系。课堂讨论的进行和课下作业的设计本身就贯彻着教师(相对"权力持有者")的教育理念,以及他/她对身份认同的理解。下述四个案例就是笔者在实践中对"身份认同"理解的例证。

　　人类学在本文中的应用体现在:首先,笔者的研究方法是人类学的田野调查法中最为特别的参与式观察法。笔者在田野中是授课

---

① 参见 Davidson, Ann Locke. *Making and Molding Identity in Schools: Student Narratives on Race, Gender, and Academic Engagement*. Suny Press, 1996; Hoffman, Diane M. A therapeutic moment? Identity, self, and culture in the anthropology of education. *Anthropology & Education Quarterly* 29. 3 (1998): pp.324 - 346。

② 参见 Hall S.. Introduction: Who needs identity? in Hall, Stuart, and Paul duGay, eds. *Questions of Cultural Identity*. Sage, 1995; Nozaki, Yoshiko. Essentializing dilemma and multiculturalist pedagogy: An ethnographic study of Japanese children in a US school. *Anthropology & Education Quarterly* 31.3 (2000): pp.355 - 380。

的老师,又有意识地维护自己局外人(outsider)的研究者地位。其次,在教学理念中贯彻的是人类学方法论的指导精神,以期让留学生熟悉和了解陌生的中国文化的同时,中国学生也能把自己习以为常的文化现象陌生化。最后,笔者在教学中指导学生运用人类学田野方法,对日常生活的细节进行观察和解释,找出日常生活中国家权力的控制、社会结构的印记,突出人类学的"全景式"理念;课堂讨论某个抽象和看似统一的概念时,基于不同文化背景学生自我经历的陈述,恢复文化的多样性、矛盾性、模糊性和多变性——这正是民族志方法论区别于其他社会科学的独特之处;分析课下采集的材料时,有的放矢地应用文化人类学家格尔茨的文化解释中对"深描"的论述。笔者认为这种解释方法更有利于培养"国际"这一身份而不是强化"外国/中国"的分化。

建构"国际"身份认同的教学实践

"微型民族志"的应用

设计"微型民族志"田野研究的初衷是希望帮助第一次来到中国的留学生熟悉田野环境,与当地居民接触,并找到自己感兴趣的研究题目,以便将来的深入研究。"微型民族志"田野工作首先绝不应是一次"旅游观光",而应是深入细致的观察和体验,必须以方法论为指导。笔者在教学中面临的挑战是:如何让"国际化"的身份认同在中国学生身上也能得以培养,如何在田野中让中国学生不仅仅是"旅游向导"或翻译。因为相对留学生来说,中国学生更容易忽视自己的文化制度对日常生活的影响,而未能意识到自己身在其中。基于这些不同、特点和需要,我们发现,让他们混合编组进行田野活动可以有效地解决这些问题,同时又可以在中国学生和留学生中增强"国际学生"的身份认同,而不是强化两者的差别。

案例1,菜市场和超市的比较。这一田野的理论背景是现代性和传统性的一组对比,最终希望学生们认识到菜市场是传统地方文化的代表,超市是国际资本在地方渗透的体现;现代化的菜场和地方化的超市这两种表面上泾渭分明的消费场所和代表的文化事实上也有许多相通之处。因而现代和传统相互建构的过程并不是边界分明的。在布置这项微型田野之前,我们要求由中外学生混编的小组合作完成。小组在观察的同时,必须对当地的消费者进行一次非结构式的访谈,以搜寻"老百姓日常生活"的故事;同时,提醒他们在貌似"传统"的地方注意观察和寻找"现代因素",在"现代"的场所注意观察和寻找"传统"的方面。比如对"新鲜"的不同理解,等等。对于绝大多数中国学生来讲,菜市场是被他们遗忘的角落,这里的顾客以中老年女性为主。田野作业使学生们了解了日常生活中潜藏的制度结构和被忽视的消费行为;而对留学生,尤其是欧美学生,这一田野让他们认识到了现代"食品"消费以外的另一种"传统",而这种"传统"又不同于他们所熟悉的"farmer's market"的消费模式。不仅如此,留学生在超市中的观察和感受还有其他不同之处(例如,销售人员的"积极"促销行为、鲜活商品的出售等),他们对菜市场的兴趣也使中国学生对大众孜孜以求的"干净""先进""便捷""发达""现代"等诸多概念做出了有效的反思。两年下来,这一田野作业得到了学生的肯定。如果"现代"和"传统"是一对相互依赖又不断调整的认知过程,那么"地方化"与"国际化"是另一对共存和互相转换的同一过程。只有意识到这一点,多元基础之上的同一"国际"身份建构才不至成为空谈。

案例2,新天地和田子坊。这是笔者利用上海的特有条件设计的另一个田野作业。在笔者眼中,上海是充满各种矛盾体的组合体,时时刻刻都可以找到具有谐趣和反讽意味的轶事,而对蕴含其间的象征意义的寻找和论述恰恰是"后现代"理论的精髓。新天地和田子坊的改造与重建恰为我们的课堂提供了完美的实例。受到很多学者的启发,①笔者也要求学生对这两个上海必游的"景点"围绕着"新旧上海"问题展开田野调研。在这次田野实践中,上海人、外地人、外国人三种身份都得到了体现和反映。比如在田野中搜集到的对新天地的评述,上海本地学生说:"这里根本不是(我记忆中的)上海。"外地学生说:"这就是我想象中的上海。"外国人说:"这里不是真实可信的上海,是迪士尼乐园式的童话。"各种观点在课堂上引起了一轮又一轮激烈的讨论。最终大家达成了共识:"自我身份"本身就是根据不同语境和社会文化背景变化的,充满着矛盾、模糊性和讽刺意味,任何一种评论都是"真实的上海"。纠结于"谁是真正的上海人""什么是正宗的上海文化"这些问题,最终只能陷入不能自拔的陷阱。反之,诸如对"我们的'新'上海是如何被塑造和建构的?"这样的过程类问题的剖析更有意义。此时,塑造"国际学生"而非强化"中国学生/外国学生"的区别和物化其边界,也初现了人类学中对"身份认同"的文化理论。

　　国际化教学中田野实践的案例表明:这种田野作业设计达到了"让学生尤其是中国学生解构'自我/他人'的两元分化式的自我意识,认识到所有的概念,都是相对共存的一个过程"的目的。因此,中国和外国在此仅仅是问题视角而不是绝对意义上的不同,更不应以

---

① 参见 Rutcosky, Kori. *Adaptive Reuse as Sustainable Architecture in Contemporary Shanghai.* Unpublished master's theis, Lund University, 2007。

此划分边界。在实践的基础上,笔者对概念的讲述也强化了这种情境化知识(situated knowledge)[①]所使用的人类学的比较法,即在相同中寻找不同,又在不同中发现相通之处。

"概念"的比较性解读

在国际化教学课堂上,笔者发现,由于学生来自不同国家,他们在自己母国的经历提供了鲜活的人类学田野材料来质疑看似具有同一意义的抽象化概念。

案例1,中国式的民族主义文化。笔者曾经布置了一篇有关中国民族主义的人类学作业,以中国的足球运动为例讲述"为什么中国人总是强调这一国际化的体育运动起源在中国",从而提出中国的民族主义是一种关系式的民族主义文化(relational nationalism),也就是说时刻将自己置于与其他国家竞争的地位的论点。事实上,大多数中国学生对这种现象习以为常,并认为这是民族主义的共性,而不是特属于中国的文化特征。但是,课堂上各国学生的讨论和举例,让在座的中国学生认识到这种民族主义文化实际上是中国文化中对"关系式自我"的一种映射。在国际化课堂上,为每一位学生自我经历提供讨论的空间,通过比较分析,加深了学生对全球多样化的理解。这种模式使文化差异在批判"现代性""全球化"带来的单一性趋势的基础上得到了尊重和理解。于是,所有的国际学生不再是自己国家文化的代言人,而是对自己文化的再认知者。

案例2,计划生育政策的解读。笔者班里每一个留学生都知晓中国的计划生育政策,并对其显示出浓厚的兴趣,同时班里绝大多数中

---

① Haraway, Donna. Situated knowledge: The science question in feminism and the privilege of partial perspective. *Feminist Studies*, 1988, 14(3).

国学生就是这一时代产物。如何利用国际化教学让每一个听众都对这项政策有一个深入的(再)认识? 放置在什么样的理论框架下才能更利于达到这个目的? 与民族主义不同的是,很多学生都认为这是中国独一无二的政策。因此笔者本着"求同存异"的原则,将它纳入"家庭计划"(family planning)的框架下。家庭计划这个术语的选用是让中国学生对自己熟悉的计划生育政策和留学生所认为的"一孩政策"(one child policy)保持一定的距离,意在给他们转换一个角度来审视自己的预设和固有想象。许多留学生的普遍理解是"家庭计划"和性教育相关,是自我的选择,而与国家和政策无关;相反计划生育政策是干预生育领域的手段。但是通过"家庭计划"这一理论框架,引入福柯的现代国家生命政治(biopolitics)的概念,学生尤其是留学生终于意识到性教育也同样是国家权力渗透私人领域的一种方式。通过"教育"这一重要的机构制度,人们形成了所谓的"理想的家庭模式",看似"自我选择",实则国家介入的结果,自由意志也同样受制于"无形"的、隐藏的权力。理解了这一点,计划生育政策作为"家庭计划"的一种模式也就不再奇特。

综上所述,在概念的理解上,笔者认为国际化课堂为了鼓励交流,应当根据不同的情况,异中求同,或者同中寻异。正如上例所述,看似具有普遍意义的"民族主义"概念,其表现形式和理解则因文化的不同而异;而看似非常特殊的文化现象,如计划生育政策却在理念上与个人选择的"家庭计划"有着某种共性。通过这样的教学实践,笔者希望在学生中培养一个"国际学生"的身份认同,即中国文化的边界并非固若金汤,它在国际化平台上不应被当作"异国情调"(exotic)来理解。这种教学实践对培养学生的自我身份认同更具建设意义,更有利于推动文化交流,形成新的"国际多元文化主义"。

问题与挑战

笔者在应用人类学教学方法的同时,也不断有新问题出现并干扰、阻碍这种同一的"国际学生"的自我认知的形成。比如教材的单一性,受"英文"作为通用"外语"的限制,教材和读物均以欧美学术界出版物为主,这种局限性本身也强化了中国/外国的划分。大部分留学生的母语及其母国文化并未得到充分考虑,当相同的问题在不同国家出现时,很多非英文国家学者的声音基本为零。

另外一个痼疾源于课堂中中国学生对自我的定位,其中隐藏着自我、文化代表、本土文化和身份认识论等深层理论问题。大部分中国学生选择国际课程的心态在于"利用这种机会锻炼和强化一下自己的英文听力和口语能力",而课堂本身的内容和要培养的批判性思维能力似乎被忽视了。这种"英语第二课堂"的目的直接影响了教与学的质量。同时,中国学生常常不自觉地以"中国文化"代表自居的心态也阻碍了"国际学生"身份认同的形成。辩论是正常的,也应当鼓励,但是以"自己是中国人""在中国生活了20多年"为资本的辩论往往让其他留学生不知如何应对。这是由于中国学生没有意识到自己深陷本土文化视角,没有看到自己"感觉经历"的也是一种"解释"所致。国际化教学绝对不仅仅是语言的问题,希望本文能够抛砖引玉,引发相关学者的深入讨论。

最后,笔者再次强调:当前国际化教学实践中建构同一的"国际学生"身份认同,并不是基于所谓的人类共性或跨文化的人性(human nature),而是在特定的时间和文化条件下为了鼓励、推进和营造一种能够促进多文化交流的氛围而提出的针对中国/外国两元分化的实践建议和思路。这种"国际性"同一身份主张跨国文化背景下学生在国际化教学平台上找到自己新的主体位置（new subject position），而不是僵化于已有的本土身份来重新对自己和他人的关系进行认知和深化。这是笔者和许多当代人类学家所主张的"过程式"身份认同理论要求相一致的，我们必须意识到自己身份和代表身份的文化边界的模糊性，个体对自我的认知和与其相关的"地方性知识"并非存在不变的"内核"，而是我们根据自己文化生存环境（再）生产出的一种"解释"，而且这种解释渗透着地方权力关系，也交织着自我能动的力量。因此，把中国学生纳入"国际学生"的同一身份并非要掩饰其不同文化背景，而是在同一个平台上，让不同学生把自己成长的"本土文化"置于可变的过程中，给予多元的解释提供可能性。正是在流动的边界构建过程中，多元文化交流才能够真正得以实现。

第十讲　当代人类学视角中的竞技体育研究

——基于民族志洞见的启示与思考[①]

潘天舒　何　潇

　　在人类学家看来,体育比赛作为文化的有机组成部分,是受制于规则的竞技活动,更是具有仪式性和游戏特征的集玩耍、工作和休闲于一体的社会实践模式。[②] 对于球员和职业俱乐部老板来说,体育比赛就是工作。同时体育比赛也是观看者(如球迷)与竞技者在个体和社会层面通过参与表达认同的重要场合。通过赛场这一精心设计和营造的幻想世界,球迷与他们所仰慕的英雄共同感受胜利的喜悦和失败的沮丧。从表面上看,竞技体育的本质特征似乎就是对抗,或者说是为比赛而比赛。在全球化时代,伴随着实时赛事所展现出的不仅仅是攻防策略的高低、比分输赢的变动,更是从个人到国家层面的身份认同,以及一整套与运动员精神、领导力、性别和多元文化有关的价值观。[③]

　　那么,植根社会秩序之中的竞技体育活动,究竟在何种程度上会受到文化因素的作用和影响? 如何借助人类学的视角来审视和解读处在全球化和地方转型语境中的竞技体育赛事? 以参与式观察为特色的研究方法能否为我们带来接地气的田野发现和洞见? 在本讲

---

① 本文初刊于《成都体育学院学报》(2020年第4期)。此为修订版,文字有所增删。

② Blanchard, Kendall, and Alyce Taylor Cheska. *The Anthropology of Sport*. Bergin & Garvey, 1985.

③ MacClancy Jeremy (ed.). *Sport, Identity, and Ethnicity*. Berg, 1996.

中,我们力图通过论述和分析民族志案例,探讨田野体验、视角和策略选择与研究发现之间的关联性,同时就当代体育人类学的价值、功能和意义进行思考和总结。

竞技体育在不同文化语境中的功能与意义

田野视角中的体育实践是特定语境中社会关系和文化理想的折射和反映,与宗教节庆仪式一样充满表演张力。竞技体育不仅仅是成人的儿戏,还是一种社会生活隐喻和符号叙事。曾经在巴厘岛悉心阐释"斗鸡"文本的格尔茨就主张:田野工作者应该把任何竞技和嬉戏作为一种"属于现实"(of reality)的和"为了现实"(for reality)的文化素材来加以解读,同时阐释充溢着各种符号的文本及其在传导价值观和核心理念的社会化过程中呈现的多层意义。① 格尔茨的这一洞见为人类学者以文本阐释的方式来解读和破译包括橄榄球、篮球、板球和棒球在内的竞技体育实践,提供了足以激发灵感和创意的认识论框架。

如果将美式橄榄球视作美国文化的象征来进行深描(thick description),我们就有可能通过破译隐藏在球赛程式中的符码来感知现代日常生活的本质特征。首先,在美式橄榄球比赛过程中,美国文化所推崇的个人奋斗精神往往受制于强调团队合作的协调策略(这一点与英式足球尤为相似)。在跨文化比较的视角中,美国大学和职业橄榄球作为旨在加强男性纽带的集体竞技运动,类似于一种隔离两性的男性启动仪式(male initiation rite)。已故著名民俗学和

---

① Geertz, Clifford. *The Interpretation of Cultures*. Basic Books, 1973. 中译本见克利福德·格尔茨著,《文化的解释》,韩莉译,译林出版社 1999 年版。

人类学家邓迪思在一篇题为"在达阵区触地得分"的论文中写道:"美式橄榄球可以被视为一种两队男性通过穿越对手的达阵区来表达男性气概的仪式。"①他将橄榄球视作一种具有同性恋行为特征的符号形式,与澳大利亚土著的男性启动仪式做了饶有趣味的类比。处于两种不同文化语境中的男性仪式,都有排斥女性的机制。这也解释了在很多年前,当一位女记者出现在新英格兰爱国者队更衣室的时候,球员们为何有强烈不满的情绪。在他们看来,女记者侵入的是一个男性仪式的禁忌空间。除了性别身份表达这一维度之外,阐释人类学意义上的橄榄球赛还赋予我们深度阅读文化的机会,并由此领悟以专业化为基础的社会分工特征、在球场上攻城略地的商战隐喻以及贯穿其间的团队精神,从而获得解析北美企业文化模式的最佳视点。

就理念而言,体育项目始终映现出一种价值观,如:公平竞赛和运动员精神。在实践层面,竞技体育的开展本身又是在地方场景中一种制度文化的重新翻译过程。当篮球被引入印第安纳瓦霍部落居住区后,这项运动就很快被赋予新的含义并产生在白人看来是不可理解的玩法。纳瓦霍人的篮球赛中看不出刻意的进攻性,而且球员喜欢把球传给自己的亲友,而不是处在有利位置的队员,毫不在意输赢。② 再如比较棒球在美国和日本的不同玩法,我们不难发现其中显示出的两套与社会关系相关的价值观的差异。当美国球员加盟日本棒球队后,随之而来的就是那种强烈的个人主义作风和标新立异的

---

① Dundes, Alan. Into the end-zone for a touchdown: A psychoanalytic consideration of American football. *Western Folklore*, 1978, 37(2), pp.75 - 88.
② Blanchard, Kendall. Basketball and the culture-change process: The rimrock navajo case. *Anthropology and Education Quarterly*, 1974 (5) 4, pp.8 - 13.

打法。这与崇尚服从大局、自我牺牲、人际关系和睦的球队氛围显然格格不入,文化冲突在所难免。① 近年来,不断有日本球手加盟美国职棒联盟赛,文化适应和制度安排始终是影响选手临场表现的两大问题。

当一种竞技体育项目传入不同文化区域时,必然会在输入地产生不同的象征意义。随着一个世纪前英国殖民主义的扩张,板球渐渐成为从加勒比海到太平洋和印度次大陆上一项广受欢迎的运动。在日常表述用语中,“没有板球范儿”(not cricket)就有没有绅士风度和擅改规则的意思。在马林诺夫斯基进行过经典田野研究的特布里安群岛,②板球这一源自英国的绅士游戏,经历了极为戏剧化的本土化过程后,成为岛上的热门体育运动。20世纪初英国传教士把板球运动介绍给土著岛民的初衷,是想传授一种“文明人”的休闲和娱乐方式。然而随着这一运动的不断普及,到了20世纪70年代,板球已经转型为一种高度地方化的村际比赛。在特布里安岛上举行的板球赛,基本上看不出英国特色。首先,比赛双方球员们的着装不是白色球服,而是传统的部落战衣,而且每队最多可以上40名球员(而正规赛只限11名)。球赛是政治结盟的一种方式。东道主永远是胜者,但赢的比分不能太大,以免使客队难堪。这种比赛方式在西方人看来是匪夷所思的。此外,比赛时队员们载歌载舞,不时使用巫术来辅助击球手和投手。而巫术一直是殖民当局屡禁不止的“落后”习俗。投手在投球时,会念念有词,背诵咒语,似乎是为了让投出的长矛能

---

① Whiting, Robert. You've gotta have "Wa". *Sports Illustrated*, 1979, September 24, pp.60-71.
② Malinowski, Bronislaw. *Argonauts of the Western Pacific*. E.P. Dutton & Co, 1961 (1922).

击中目标。当地人还重新设计了板球拍,以提高投球的准确性。球赛也是食物和其他物品进行仪式性交换的场合。当地人利用板球赛来表达他们拒绝殖民化的立场,同时显示出特布里安岛居民独特的文化创造力。在 1974 年出品的民族志影片《特布里安岛的板球》中,一位村民代表说道:"我们终于抛弃了白人的游戏,板球现在是我们自己的运动。"①

《特布里安岛的板球》这部人类学民族志经典影片所展示的是一个体育项目"文化转译"后发生意外状况的案例,即:象征西方文明、理性和绅士精神的板球,原本是一项试图对"野蛮"他者进行规训和约束的竞技体育项目,在日常实践中却被他者拿来,并以村际比赛为平台,将白人视之为"落后"的魔法和迷信习俗发扬光大。此后体育人类学者渐渐将民族志凝视的目光转向西方社会,用审视异族的猎奇心态来观察自己早已熟视无睹的高度仪式性的竞技赛事,希望能获得不俗洞见。人类学者格梅尔希在马林诺夫斯基洞见启发之下,对美国"棒球魔法"所做的田野研究就是一部带有充满文化反思精神的民族志案例。②

格梅尔希在 20 世纪 60 年代效力于美国著名职业棒球俱乐部底特律老虎队(Detroit Tigers),司职一垒。这一难得的职棒"过来人"经历对他在日后的人类学研究生专业学习和研究来说是受益匪浅。在选修"魔法、宗教和巫术"课程时,他以丰富的竞技体验为基础,在文化相对主义精神的引导下,对美国人引以为豪的理性思维和科学态度进行反思和质疑。在格梅尔希看来,置身现代文明大都市的职

---

① Ronin Films. *Trobriand Cricket*. 1979. (Directed by Gary Kildea and Jerry Leach).
② Gmelch, George. Superstition and ritual in American baseball. *Elysian Fields Quarterly*, 1992, 11(3), pp.25 - 36.

棒球员,在面临变化和不确定性的情形时,会求助魔法和巫术,以保持对自己技能和控制力的自信和镇静,这与马林诺夫斯基笔下特布里安岛的渔民并无二致。这两类处在完全不同文化和社会语境中的"专业人士",在面对非常人能控制的事件时,都会通过仪式、禁忌和吉祥物等"迷信"手段来管理自身的焦虑和紧张情绪。马林诺夫斯基发现,在渔产丰富的环礁湖捕鱼时,特布里安的岛民并不依靠巫术帮忙,因为他们凭借自身知识和技术已经绰绰有余了;而当特布里安人出海捕鱼时,他们就必须施行巫术和举行仪式,希望得到神助来保佑安全和增收渔产。而美国职棒球员为了保证自己能够赢球,也会像世界各地的信徒一样,祈求超自然力量的保佑和帮助。

在棒球比赛中,风险和不确定性对于投手和击球者有何影响?棒球队员又如何试图控制比赛的结果?格梅尔希认为:对于美国职棒球员来说,棒球不是简单的比赛,而是实实在在的职业。球员能否保住饭碗,完全取决于平时的球场表现。职棒球员会使用巫术来试图控制棒球赛的运气,从而显示出与特布里安岛渔民相似的行为特征。投球和击球是棒球比赛中常常会被运气或概率主宰的两个环节。投球手可以说是比赛中最没有办法控制结果的队员,而击球也通常被认为是所有运动项目中最难完成的任务,充满了风险和不确定性。也就是说,投球手和击球手可以做足准备,并且全身心地投入比赛,但仍然无法影响球的最终去向和球赛的结局,就像在远海捕鱼的特布里安人一样会时常感到无助。只有在守垒这一环节,球员才会觉得自己有能力掌控比赛,就像在环礁湖内捕鱼的特布里安人一样自信和镇定。

的确,职棒球员能够通过日常训练来获得一些看得见的成效,如在比赛中集中注意力。然而,格梅尔希注意到职棒球员还将吃、穿和驾车等日常训练以外的活动仪式化,以期获得比赛胜利的运气。如白袜队的一位投球手会在比赛日听同一首歌。有的球员会在赛前吃固定的食物,如鸡肉、火鸡和金枪鱼。赢球往往会催生出新的个人化的仪式化行为。表现出色的球员并不会把获胜仅仅归结于自己的球技,而是将输赢与自己在比赛当天吃了什么、做了什么联系起来。是否要刮胡子或者洗头发都成了能影响比赛结果的因素。有时候,投手的太太或者女朋友都会主动做些支持自己心上人"迷信想法"的事情,如在第六局时吃冰激凌,或者穿着粉色的球衫、披着棕色围巾或者戴着松软的帽子去观战助威。在比赛中处于下风的球员会选择不同的进场路线来改变运气。当队员没有击中球时,教练会摇动装着球棒的箱子,似乎要"唤醒"状态不佳的球棒。击球手会不断地用手摩擦球棒,试图获得某种魔力。

职棒队员们的禁忌往往与临场表现失常有关。许多球员们的禁忌活动发生在场外,不在观赛者的视线之内。格梅尔希本人曾因连续两次在吃了馅饼之后输球,就决定在整个赛季不吃馅饼。另一位职棒球员的饮食禁忌却很形象化:他在吃了肉圆(meatball)三明治之后,投球时大失水准,从此以后再也不吃肉圆类食品。有的球员整个赛季都不会看一场电影。有的击球手在球赛当天不会看书,怕影响自己的视觉。吉祥物是球员认为具有"超自然"力量的物品,吉祥物已经是有的球员的标准装备,如钱币、链饰和十字架等。有的球员会戴着从大学时代就开始用的旧手套,因为它常常会带来好运。有位击球手在穿着从队友那里借来的棒球鞋后成功地投出了"无安打"(no hitter)之后,毫不犹豫地买下球鞋,并视其为物神(fetish)。14、24、34或者44是球员们希望得到的印在球服上的吉祥数字(与当代中国的习俗刚好相反)。有些球员会忌讳数字13,有些却要求成为第

13号球员。有些球员希望得到退役队员的球号。有的球员会按照固定的程序穿球服。一位球员在连续击出两次本垒打之后,发现自己有一颗纽扣没有扣好,在此后的每次比赛时,他都会松开那颗纽扣。格梅尔希注意到:与职业棒球相关的仪式和禁忌并非一成不变,时代变化也会影响到队员们对于吉祥物的选择。在街上捡到妇女的发针曾经被击球手视为吉兆,看到白马会使得球队获得神助。随着时间的推移这些旧俗显然已被遗忘。

如果说《特布里安岛的板球》是从后殖民批判的视角,为我们提供了一个处于"蛮荒"之地的"他者"是如何改造象征西方"文明"的板球运动项目,颠覆白人游戏规则,并以调侃俏皮的方式来保护传统生活习俗的视觉民族志案例的话,那么"棒球魔法"将惯常对"他者"进行田野凝视的目光,转向职业棒球手,对棒球这一北美人无比钟爱而又熟视无睹的体育项目进行审视和反思,可谓殊途同归,以不同的方式致敬马林诺夫斯基,同时充分展现了参与式观察法对于跨文化语境中竞技体育研究的价值和功能。

足球民族志棱镜中的"世界第一运动"

在人类学者和社会学者眼里,四年一度的世界杯不但是一场牵动全球亿万球迷神经的超级赛事,更是一个研究民族和国家认同、世界公民的想象、殖民主义的历史记忆以及"金元足球"、竞技体育市场化等热门议题的大好契机。笔者认为,完成于不同时期的两部以狂热球迷为凝视对象的民族志作品《足球狂热》[①]和《一部有关英格兰足

---

① Lever, Janet. *Soccer Madness: Brazil's Passion for the World's Most Popular Sport*. University of Chicago Press, 1983.

球迷的民族志》①,在相当程度上展示了历时性田野研究方法的有效性,同时还为如何在田野实践中将球迷的热忱情感和人类学者的专业精神有机融合,做了成功的示范。

《足球狂热》以巴西足球的社会和文化意涵为核心议题。作者利弗身为美国人,在上大学之前,从未听说过什么是世界杯,对足球一无所知。然而1966年利弗作为大二学生在伦敦的暑期实习经历,使她大开眼界,亲身体验了足球作为世界第一竞技运动项目对于社会和个体的冲击力。那一年作为现代足球发源地的英国(英格兰)终于第一次成为世界杯东道主,第一次(也是仅有的一次)获得雷米特杯。在利弗实习期间,世界杯几乎是她英国同事和朋友唯一的聊天话题。她感受到了当地民众对进入决赛的英格兰队所持有的乐观情绪。在经济形势恶化和国际地位下降的背景下,英格兰队在世界足坛的上佳表现也在瞬间提升了国家形象(1983:xxvii)。与此同时,来自世界各地尤其是拉丁美洲的球迷蜂拥而至;众多巴西球迷搭乘远洋货轮而来,晚上就在甲板上过夜。为了凑足旅费,他们积攒数年,就是想亲眼见证巴西三连冠的盛况(1970年巴西因三次获得冠军得以永久保存雷米特杯)。然而巴西队出师不利,在先后输给匈牙利队和葡萄牙队、球星贝利因伤退赛的情况之下,无缘四分之一决赛。这一"噩耗"使巴西全国上下悲恸不已,男女球迷在里约街头痛苦万分,被黑布笼罩的大楼外下半旗志哀,球迷跳船自杀,"足球流氓"焚烧球星和教练相片以泄愤(1983:xxviii)。(2014年巴西世界杯期间巴西队惨败于德国队后也有类似情形)与此同时,欣喜若狂的英格兰球迷则

---

① Pearson, Geoff. *An Ethnography of English Football Fans: Cans, Cops, and Carnivals*. Manchester University Press, 2012.

走上街头狂欢,城市交通不得不中断两天之久。

虽然利弗来自素有"世界第一体育大国"之称的美国,但世界杯对于东道主、参赛国及其他国家和地区所产生的这种富有传染力的狂热性,给她留下了终生难忘的印象。她把对世界杯和巴西足球的浓厚兴趣,转化为一种专业追求,一种学习运用社会学想象力来进行体育民族志研究的动力。在《足球狂热》里,利弗以足球为棱镜,球迷为关注对象,提出其主要观点:在现代民族—国家,足球作为一种高度制度化的运动能够使复杂多元的社会获得空前的凝聚力量(1983:3)。巴西每个城市至少有一支职业足球队,在大城市往往有几支代表不同社会阶层和团体的职业球队。例如,在里约热内卢,富人、中产阶层、穷人、黑人、葡萄牙人后裔和街坊社区都有着各自不同的心仪球队。作为符号表征,这些球队代表不同球迷人群的兴趣、利益和身份认同;同时各个球队也利用对足球的共同热爱把不同派系的球迷们联结起来。城市和全国范围内的冠军赛更是起到了统一巴西国内不同地域和多元社会经济背景的团体的作用。

对于许多巴西人来说,支持某一支球队可能是其一生中第一次表达超越地方社区的忠诚之情。比如说,里约的球迷在全国联赛时会支持里约的球队;但是,在国际赛事如世界杯举办期间,他们与所有来自不同地区的球迷一样成为国家队的坚强拥趸。足球使不同族裔和阶层的人们大大增强对于"巴西特性"(Brazillianness)的国家认同。与此同时,利弗也指出,作为全球大众体育代表的足球,在巴西实际上是一项将女性运动员排斥在外的"男人的竞技项目"(特指20世纪七八十年代)。《足球狂热》透过社会性别的视角,显示出足球在巴西具有融合和分裂人群的双重特性。

利弗本人对巴西足球的喜好以及她与球王贝利的私交使得这部

巴西足球民族志格外引人注目。女性和美国人的双重身份更使她获得了与贝利单独见面和访谈的机会。因为在那个年代,巴西人通常认为女性和美国人是不可能对足球如此着迷的。而利弗的专业精神,在相当程度上改变了当地人的文化偏见。通过对足球俱乐部老板、教练、球员、足协官员、体育专栏记者、球迷俱乐部负责人以及200名球迷的访谈,利弗以竞技体育为棱镜来研讨人群、文化和政治三者间的关联性,贡献了可资仿效的范本。

在1995年《足球狂热》再版的序言里,利弗不失时机地蹭了1994年美国世界杯的这一热点,着重阐述了世界杯史上首次在没有持久足球传统的体育大国举行的历史意义。美国世界杯期间,有多达188个国家转播了赛事,在电视机前观看决赛直播的观众达到了创纪录的10亿。利弗难掩对美国世界杯赛事的赞美之情。这不仅仅是因为她心仪的巴西队重夺雷米特杯,更重要的是,世界杯让美国的少数族裔(尤其是拉美墨西哥裔)有了表达身份认同和宣泄民族自豪感的合理途径;同时世界杯对于职业足球,尤其是对于美国女子足球的成长壮大并在短时间内成为世界冠军,起了催化剂的作用。利弗的研究表明,国际体育盛会在成为比赛对抗的戏剧化舞台的同时,也通过强化参与者(如球迷、赛事组织者和媒体等)对该项运动的共同喜好产生巨大的趋同效应。

如果利弗是通过熟悉和研究巴西足球而成为球迷的话,那么佩尔森在写作《一部有关英格兰足球迷的民族志》之前就早已是一位资深球迷了。他第一次随家人到曼彻斯特联队主场老特拉福德球场时年仅三岁,从此以后就成为忠实的红魔球迷。虽然同为球迷,利弗和佩尔森的研究出发点和宗旨却有着显著差异。前者在开始着手研究时,对足球文化知之甚少;而后者却是在英国职业足球亚文化氛围中长大的"内幕知情者"(cultural insider)。前者试图以民族志文本为载体,录写巴西足球这一"典型"案例,呈现了全球化条件下竞技体育的持久魅力和文化成就,并弥补英语学界研究中的一项空白;而后者除了真实还原田野图景之外,还有试图通过实证案例来消除公众对英格兰球迷的刻板印象,并为决策提供咨询服务的初衷。

顾名思义,《一部有关英格兰足球迷的民族志》的田野凝视对象就是以行为出格而闻名于世的英国球迷。构成本书副标题的罐头(cans)、警察(cops)和嘉年华(carnivals)三个关键词,不仅是为了玩文字游戏,更是鲜明地指向了作者佩尔森在对球迷进行田野观察时的三个聚焦点。佩尔森费时16年,以参与式观察的方法对职业足球劲旅曼联、布莱克普尔和英格兰国家队(1998年和2006年世界杯期间)的球迷进行了长时间的田野追踪研究,系统地描述和解读被他称为"嘉年华球迷"(carnival fan)的行为特征和亚文化准则。通过跟队随访,佩尔森对这些貌似狂放不羁的"嘉年华球迷"在国内和国际球场的表现方式有了真切的了解。佩尔森发现,创造嘉年华式的节庆氛围和现场效果是球迷观赛的主要动机所在。赛事阶段的嘉年华狂欢使他们暂时摆脱日常生活规则,并成群结队、酗酒滋事表达自己的身份认同。为达到这一目的,成群结队的球迷常常不由自主地挑衅或冲撞足球权威,卷入与球场管理方、警察和"足球流氓"的冲突与纷争。佩尔森在书中对近年发生的一系列球迷寻衅和球场失序事件进行了较为中肯评述,同时也在参与式观察的基础上,对球迷的性别、性、种族态度以及球场管控技术对于球迷的整体影响发表了自己的看法。

近半个多世纪以来,有着"足球流氓"之称的英格兰球迷一直是被大众媒体、警方和球场管理人员标签化的"特殊人群"。然而地方特定语境中传媒和谣言刻意塑造的刻板印象,显然无益于消除人们对足球迷群体的文化偏见。佩尔森力图从球迷的立场、用球迷的声音来解释他们的言行和动机,由此来反思和质疑被大众媒体过度渲染的"足球流氓主义"神话,也为如何更有效地维持球场秩序提供了宝贵的第一手的资料。

作为曼彻斯特大学新近推出的"新民族志系列"(New Ethnographies Series)中的跨界趣作,《一部有关英格兰足球迷的民族志》在相当程度上展现了"曼彻斯特学派"一贯的作风,即:始终如一的跨学科田野视角和对专注小范围社会和组织机构的细致案例分析。值得一提的是,作者佩尔森在英国利物浦大学管理学院任教,并非人类学科班出身,然而人类学的研究方法和路径,使他获得了比同行更加接地气的田野洞见,为犯罪学、社会学和体育学等领域的相关研究提供了植根现实世界的民族志案例,同时也为如何变通使用参与式观察手段研究体育文化实践积累了可资借鉴的经验。

全球化与地方转型背景下的体育人类学研究

在全球化浪潮的冲击之下,包括奥运会在内的国际体育赛事实际上已经成为各种政治和经济力量对抗和平衡的平台。竞技赛场所展现的除了运动员高超的技能、运动员精神和以"公平竞赛"为准则的所谓世界主义(cosmopolitanism)精粹之外,还有民族主义情感和利益集团的贪婪,对垒双方的运动员的身体几乎成了不同政体和团体表达极端爱国主义的工具。在冷战期间,奥运会和国际锦标赛场为北约和华约两大敌对阵营的持久较量提供了不见硝烟的阵地。

在信息全球化的时代,如何发挥人类学视角和方法在文化理念和实践经验两个层次上所占据的独特优势,将考察重心从地方道德世界中的单一场域转向现代民族—国家语境中多点和多地的体育实践过程,是一个极具学术价值和现实意义的课题。体育运动的中国模式无疑是学界内外的关注焦点。1949 年以来,一些源于西方的体育项目如乒乓、羽毛球、体操和跳水等几乎成为中国力量的代名词。中国教练和运动员通过实践摸索出的一整套因地制宜的训练手段,在截然不同的制度文化语境中完善和丰富了这些项目的内涵,并使之在世界范围内进一步发展和壮大。在北京奥运会和伦敦奥运会上,中国代表团的傲人成绩唤起了全球华人的民族主义情感,也引发了西方媒体带有种族偏见的谬论。

从 20 世纪 80 年代起,美国密苏里大学人类学教授包苏珊就尝试使用多学科交义的研究手段,对中国女运动员和国际奥林匹克运动对于中国的发展进行了从微观个体到宏观制度的描述、探讨和解析。在其专著《为中国锻炼身体》[①]中,她解释了身体与文化和民族国家之间的关联,以及当代中国社会的变迁对身体文化的影响。她通过观察 1987 年中国的全国运动会来分析新的社会变迁,如激励政策的引入。1980 年代开始,体育运动鼓励竞争,设置奖牌和奖金。在运动员激励动机层面,她同时分析了西方竞技体育强调的"公平竞争"与中国本土的"面子"之间的差异。与西方体育强调通过体育本身公平角逐出输赢不同,中国体育关注参与者的"面子"问题。在女性参与运动方面,她注意到,相对于西方社会,中国社会对女性参与运动持相对友好的态度,这也帮助中国女运动员在国际比赛中获得相较于她们男同胞更好的成绩。

在《北京的赛会:奥运对于中国的意义》[②]一书中,包苏珊考察了

---

① Brownell,Susan. *Training the Body for China: Sports in the Moral Order of the People's Republic*. University of Chicago Press,1995.

② Brownell,Susan. *Beijing's Games: What the Olympics Mean to China*. Roman and Littlefield,2008.

中国与奥林匹克运动的相遇,进一步将中国体育置于全球视野中来分析。她分析了在西方竞技体育模式的引导下,中国武术如何被拒绝列入奥运会的正式项目;她同时分析了美国社会关于中国体育的很多偏见。奥运会是一场涉及全球观念、人员和科技流通的文化展演。包苏珊将人类学的分析单位从社区和群体扩展到大型事件和活动,后来她又将对大型活动的研究延伸到了上海世博会。在与尼克·贝斯尼尔合作撰写的体育人类学总结评论中,她继续指出未来的体育人类学不仅需要对大型赛事活动的组织进行人类学分析,还应该对这些大型活动的遗产和对举办地的影响进行分析。[①]

在包苏珊关于中国体育的人类学分析中,她展现出熟练运用理论工具却不拘泥于既定范式和分析框架的能力,以及通过中国经验反思欧美学界固有思维定式的创新意识。值得一提的是,包苏珊的曾祖父是美国第一位成功为华工维权的州级大法官。1980年,包苏珊通过选拔赛,成为美国奥林匹克运动代表队七项全能选手。在此之前她连续三年参加充满政治意味的美苏田径对抗赛,然而由于美国发起了对莫斯科奥运会的抵制,她失去了展示才华的良机。1985年,她成了北京大学的一名留学生,并代表学校参加全国大学生运动会,获得一金二银的成绩(她创造的全国纪录至今未被打破),她有着比一般中国人还要真切的"局内人"的体验和感受。应该说,包苏珊堪称传奇的个人成长经历、在加州大学研究生院所受的学术训练、以运动员身份而进行的参与式观察以及她与包括何振梁在内的中国体育界人士结下的情谊,使她获得了令同行嫉羡的第一手资料,并且奠

---

① Besnier, Niko, and Susan Brownell. Sport, Modernity, and the Body. *Annual Review of Anthropology*, 2012, 41: 443 - 459.

定了她作为体育人类学代表人物的地位。她不止一次地指出：中国竞争 2000 年奥运会主办国之所以失利，其原因主要在于西方大国长久以来一直没有消除的殖民主义和帝国主义傲慢心态。作为国际奥委会（瑞士洛桑）的顾问，她以学者和体育权威的双重身份，为维护中国在国际奥林匹克运动中应有的尊严起到了积极的作用。在北京奥运会期间，包苏珊接受了数百家中外媒体的采访。在《何振梁与奥运五环梦》发行式上，包苏珊作为英译者发言。①

包苏珊的同行罗力波以球市和球场为聚焦点，运用社会学的想象力，对上海这座象征中国现代化的城市，其足球职业化表象后隐匿的世界主义和民族主义两种情绪的宣泄作了深入细致的观察和分析。② 球迷们一方面对地方俱乐部和国家队的赛场表现极度不满和愤懑，另一方面又以观赏欧洲职业联赛的方式来想象和描绘异域文化的图景。以竞技体育为棱镜，罗力波通过运用田野民族志手段，揭示出全球性消费文化和地方转型这两股结构性力量所主导的体育产业化对于处在城市巨变中的普通民众的多重意义。同包苏珊一样，罗力波也是一位体育运动好手。除了在大卫森学院教授人类学，他还任该校男子网棒球队教练。包苏珊和罗力波的前瞻性探索为后奥运时代的中国的体育人类学田野考察和反思提供了宝贵的经验和洞见。随着思想、人才和资本的流动，中国体育将不可避免地与世界相遇。正如包苏珊所言，大部分人都关心奥运会如何改变中国，也许我

---

① Brownell, Susan. *He Zhenliang and China's Olympic Dream* (English Translation). Foreign Languages Press, 2007.
② Lozada, Eriberto. Cosmopolitanism and nationalism in Shanghai sports. *City and Society*, 2006, 18(2), pp.207 – 231.

们同样可以问，中国将如何改变奥运会。^①

结　语

作为公共领域的流行文化模式，体育是形塑个人与社区、社会与国家，以及地方与全球之间的互动关系的动力；现代体育也在这一系列的互动中形塑和发展。现代西方社会在对非西方社会殖民的过程中发展出了许多现代竞技体育理念，并不断地应用"现代"竞技体育来"文明化"非西方社会。与此同时，我们也要在这一全球互动历史中理解为什么中国武术很难被纳为现代体育竞技项目。虽然现代竞技体育源于全球互动，它的理念和组织形式被不断翻译到不同的社会和文化语境中，发展出新的功能和意义。

注重实证、比较和细节的人类学方法为析察体育在社会语境和文化实践过程中的地位和作用，提供了行之有效的工具。而人类学的文化观以及跨学科的思维路径，必将推动学者对当代中国体育实践进行卓有成效的历时性和共时性研究，^②发展出关于身体和组织的文化理论。体育人类学的研究同时会在应用层面帮助我们理解体育运动面对的难题（如兴奋剂和种族歧视），有效地改善竞技体育制度设计。^③

---

① 由于时间和篇幅限制，本讲未能对耶鲁人类学家 William Kelly 对日本职业棒球的不懈探索，以及历史学家徐国琦以"中国百年奥运梦"为主题所做的开创性研究展开评述。

② 范可：《体育人类学——何以可能何以可为？》，载《广州体育学院学报》，2020，40（1），第1—8页。

③ 庄孔韶：《何谓足球的人类学研究——一个中德足球哲学实践的对比观察》，载《开放时代》，2018，15（1），第184—195页。

第十一讲　人类学中国研究领域成长的亲历见证
——回顾我的学术生涯

[美] 孔迈隆①

图 1　2016 年 11 月 5 日孔迈隆教授在复旦大学发表获奖演说

---

①　孔迈隆(Myron L. Cohen)，哥伦比亚大学人类学系教授，曾任哥伦比亚大学魏德海东
亚研究院(Weatherhead East Asian Institute)院长，是目前健在并还活跃于学术界的
最为资深的美国人类学中国研究专家。主译江雯娟系贵州民族学与人类学高等研究
院实习研究员；译校龙宇晓现为贵州民族学与人类学高等研究院教授暨常务副院长、
贵州省人文社会科学重点研究基地贵州师范学院中国山地民族研究中心执行主任、复
旦大学人类学民族学研究所民族研究中心特聘研究员。本文是孔迈隆教授荣领上海
人类学学会"中国人类学终身成就奖"（The Chinese Anthropology Lifetime
Achievement Awards)的获奖演讲。演讲词中无小标题，本文标题和文中小标题是译
者根据内容和阅读习惯所加。——译者注

哥伦比亚学生时代

当我还是一名高中生的时候,曾对体质人类学着迷过一段时间。之后我便开始了在哥伦比亚大学的长期生涯。最初是作为该校哥伦比亚学院的一名本科生,在那里学习了4年(1954—1958)。我进校时选的专业是心理学,当时哥大的心理学由行为学派占据主导地位。那时的我很喜欢这一学派的方法取向,因为我觉得它"客观"和"科学";本科最后一年我才回到人类学,上了马文·哈里斯(Marvin Harris)讲授的人类学导论和本科生高级讲座课程。哈里斯对那个时期我的人类学思维产生了很大的影响,鉴于之前学习了行为主义心理学,我觉得哈里斯的"文化唯物论"很有说服力,是一种有助于我们理解和对比世界各种文化而且在智力上让人舒心的方法。我认为,就像我所熟悉的心理学一样,哈里斯的学说具有实用性、实践性和客观性。同年,我选修了格林伯格(Joseph Greenberg)、施金纳(Elliot Skinner)、瓦格利(Charles Wagley)等人的课程,进一步强化了我的人类学兴趣和以该学科为业的意向。也正是在那一年里,我第一次沉浸到一门关于东亚文化与文明的课程中。当时的哥大和现在一样,在东亚研究方面拥有强大的师资力量,我选修了哥伦比亚学院开设的一门关于亚洲文化和历史的、为期两学期的品牌课程,内容覆盖中国、日本和印度。在选修该课程的过程中,著名的儒学研究家德巴瑞(William Theodore de Bary)给我留下了特别深刻的印象。就亚洲国家而言,令我最感兴趣的是中国。我在人类学方面的功课与我所接触到的关于中国的调查,促使我不断追问一个问题:究竟是什么把中国这个世界上最大的社群整合为一体,并保持了这么多个世纪。正是这个问题推动着我考入研究生院,主攻以中国为方向的人类学研究。

我的目的并不是要对这个问题给出最终的答案。不过,当我以人类学者惯常乐用的比较眼光来看中国的时候,这个问题对我的研究起到了指导的作用。在我继续学业的过程中,许多其他的问题吸引了我的注意力。读研究生的这段时间是我的哥大生涯的第二阶段,除了上面已经提到过的人类学教师之外,还有阿仁斯伯格(Conrad Arensberg)、邦泽尔(Ruth Bunzel)、夏皮罗(Harry Shapiro)、博达兹(Jacques Bordaz)、斯特朗(William Duncan Strong)、康克林(Harold Conklin)、米德(Margaret Mead)等人,都对哥大的人类学四学科整合(体质人类学,语言人类学,考古人类学和文化人类学)研究生教育做出了贡献,这种四学科整合的经典方法是哥大人类学系的创始人博厄斯(Franz Boas)立下的规矩。博厄斯在我考入哥大之前即已过世,他的影响,以及早年在哥大任教的一些教师[诸如鲁斯·本尼迪克特(Ruth Benedict)和朱利安·斯图尔德(Julian Steward)等]的影响,却依然持续存在,成了一笔珍贵的学术财富。

很幸运的是,在我就读哥大期间,福瑞德(Morton H. Fried)也是人类学系师资队伍中的一员。他是一名以中国为研究方向的著名人类学家。在1947—1948年间,他在安徽省滁县开展田野研究。就在我读研究生的第二学年(1958—1959),我选修了他的中国研究课程;这门课程之前的学年里没有开设,而我幸运赶上了。在这门课上,福瑞德不仅讲授如何从人类学的视角去研究中国文化,而且介绍了中国人类学学术圈子的许多情况,诸如林耀华、杨懋春、李安宅、许烺光等人的研究成果。其间,被提及最多的是费孝通,费孝通是福瑞德十分仰慕的一名人类学家。福瑞德与费孝通第一次相遇的情景十分有趣。第二次世界大战期间，福瑞德作为一名士兵，被美国军方派到哈佛大学学习汉语。当时是著名语言学家赵元任在负责实施军方的这一汉语培训项目。费孝通主要在远离日占区的中国西部工作，当时正好被美国政府邀请到哈佛去讲学，这是美国政府为了给中国学者提供赴美访问研究机会而设立的学术交流计划之一部分。赵元任邀请费孝通去他的语言培训班上做一场关于中国的讲座，而福瑞德就在这个班里。福瑞德向费孝通做了自我介绍之后，两人就成了好友，这种关系一直保持到1984年福瑞德逝世。如我在下文将要详细述及的，正是经由福瑞德的引介，我在1980年结识了费孝通。

图2　1980年，孔迈隆在哥伦比亚大学人类学系和自己的
导师福瑞德接待来访的贵宾费孝通

　　在我选修福瑞德的中国研究课程的同一学年里，我还选修了另外一门也是关于中国的课程，但后者的分析视角与前者迥然不同。这是施坚雅（G. William Skinner）开的课，那时他刚被聘到哥大社会

学系。福瑞德秉承朱利安·司徒尔德的影响,采用四学科整合和进化人类学的视角来看中国;而施坚雅的视角则是严格意义上的结构功能主义,按他自己所言,采用了塔尔科特·帕森斯(Talcott Parsons)的社会学理论作为架构。在一个学期里得以同时领教来自两位著名社会科学家的不同观点,对我而言无疑是一段绝妙的教育经历。施坚雅后来因其关于中国农村市场的分析而闻名,但他在哥大只工作了两年就转到康奈尔大学,之后又转入了斯坦福大学。

对我另一个重要的影响来自莫里斯·傅里曼(Maurice Freedman)的《中国东南部的宗族组织》(*Lineage Organization in Southeastern China*)一书。施坚雅和福瑞德都在其课程上大谈此书;尽管该书是在这两门课程开设的前一年就已出版,但我是在他们的课上才知道并阅读此书的。正如目前我们熟知的,由于它是基于二手资料写成的关于宗族与社会之间关系的专著,这部书属于"扶手椅人类学"的性质。该书论述的不过是清代的情况,在其出版时(1968—1969 年间)中国早已经历急剧的转型,但出版后居然能成为中国人类学领域的基础文献之一,这在今天来看,似乎是一种非常奇怪的现象。为什么一部关于中国过去的书会对中国人类学研究的发展具有如此深远的影响力呢? 原因是多方面的。首先,这本书写得很好,而且是在英国结构功能学派人类学语境下研究中国问题的一次成功努力,以拉德克利夫-布朗(Radcliffe-Brown)、埃文斯-普理查德(Evans-Pritchard)和弗思(Firth)等人为代表的一批学者运用这种方法,充满睿智地描述和分析了非洲和大洋洲的一些社会。当然,另外一个原因在于,在该书出版的那个年代,尽管北美和欧洲的人类学学者们,特别是那些准备进入这个学科行业的博士研究生们,对中国的研究兴趣增长很快,却不可能到中国大陆(内地)去做田野研究。

傅里曼的这本书成为我写作硕士论文的起点。就在读研期间，尤其是我在一门关于太平天国起义的课程中涉猎到客家的情况之后，我对研究客家人产生了浓厚兴趣。我在硕士论文中提出，宗亲制度之所以能够成为社会关系的基础架构，是因为中国东南部的方言（客家话）在其中起了十分重要的作用。这篇硕士论文后来发表在《民族史学刊》(*Ethnohistory*)上，而我的客家研究兴趣则从此一发而不可收。我当时很希望能够到客家人聚居的社区去做田野调查。

1963年，我完成了学位课程，通过所有的考试之后，正准备进行博士论文的田野调查研究。那时，在这个还十分弱小的中国人类学研究领域里，欧洲和北美学术界存在着两个占据绝对主导地位的研究倾向。其一就是，尽管中国是个长期以来都有着社会文化形态多样性的国家，但欧洲北美研究者们却强烈地偏重汉人研究。虽然一些人也曾在口头上谈及中国的非汉民族文化与社会，但鲜有例外的是，很少有人有兴趣去研究他们。这一点与当时中国自己的人类学者们十分关注非汉民族研究的情形大相径庭。第二大倾向就是我所说的中国人类学研究中的"传统主义"(traditionalism)，即迷恋和沉湎于清代的汉人文化，特别是该文化中那些还能在田野调查中看到的各种表征；这一点也有助于解释傅里曼的书为什么会如此被当时的学界所推崇。与"传统主义"高度相关的是这样一个事实：那时，到中国大陆（内地）去做田野调查很难，所以，"传统主义"盛行的时期，也恰好就是有关汉族社会的田野研究被局限于香港（特别是新界）和台湾地区（特别是其农村）的时期。当然，一些人类学者也在海外华人社区中展开田野调查，但由于此类调查工作是在非中国的或至少掺杂着非中国社会政治环境的地域空间里进行的，它们并不怎么符合传统主义的范畴。中国大陆（内地）当时正在经历巨大的社会、政治和经济转型，为什么在这一时期出现了这种沉湎于传统汉族文化的学术倾向呢?

如我在别的论著里曾说过的,导致 1960—1970 年代"传统主义"倾向增强的因素之一就是因为很难到中国大陆(内地)去实地研究那里发生的引人注目的变化。在欧洲和北美,"中国学"这一专业领域将不同学科里对中国有着共同兴趣的学者整合到了一起,包括了经济学家、政治学家和许多其他学科的专家,试图全面认识在中国大陆(内地)发生着的一切,但人类学家对于"中国学"在这一方面所做的贡献很少。那些聚焦于港台地区急剧社会变迁的田野研究,其实也增长很快,但对于理解中国大陆(内地)并无多大价值,至少在人们的观念里是这么看的。换言之,在更为宽泛的"中国学"专业领域中,人类学发出的声音是传统主义之声:香港或台湾地区关于传统汉族文化的表述,相比起这两个地区社会文化转型的种种事实而言,更加有用,也更加有趣。

1963 年,我离开纽约前往台北。我获得的奖学金,使我在开始田野调查之前能够有足够的经费在台北进行一年的语言学习。在台北旅居的第一年里,我有幸被"中研院"民族学研究所聘为访问学者,当时该所的领导是著名的人类学家凌纯声教授。我在该所的身份和我在台湾大学考古人类学系的一些关系使得我有机会认识了李济、陈奇禄、李亦园、文崇一、刘枝万、刘斌雄、芮逸夫等教授。对我而言,能够接触,并与这个人类学的大圈子发生互动,本身就是一份丰厚的教育经历。

我当时想用好我在台北的这一年来提高我对于汉语口语和书面语的把握能力,同时也为田野调查选定地点。台湾农村和香港新界的共同之处在于它们都有客家人的村庄,于是,我就在旅居台北的那一年里,对这两处地方都做了探访。其实,早在从纽约出发之前,我就开始联系著名的客家文化社会研究专家罗香林教授。罗香林教授当时执教于今日香港中文大学的前身,他慷慨相助,安排了一位向导带我走访了一些客家村子。这些村子要么非常闭塞,要么由于年轻一代移居香港市区或海外就业而已变得人烟稀少,要么就是涌入了大批中国大陆(内地)新居民并且往往由这些新居民接管了种植蔬菜的生计。不管属于哪种情形,这些村子都已经显然不适合成为我的田野工作点,因为我当时深受占据主导地位的"传统主义"倾向的影响,决心要找到一个"原真的"并且"传统的"客家社区来开展我的田野研究。

于是,我只好把注意力投向我已经住了一段时间的台湾。台湾的客家村落很多,遍布全岛南北的大片区域。在与"中研院"民族学研究所和台湾大学考古人类学系的学者们以及其他一些研究人员访谈的过程中,我告知他们我感兴趣的是找一个"传统的"社区。在回答我的问题时,他们频频提到,说是如果要找这样的村庄,最值得一去的就是台南的美浓镇。"中研院"的一位学者把我引荐给当时住在台北的一位土生土长的美浓人,这位美浓人同意带着我回他家乡一趟。纯属偶然的是,我们一到美浓就有幸遇上了一场正在进行中的盛大宗教庆典,而其中的核心部分就是"醮"(道教的一种宇宙轮回仪式)。在这短短的几天时间里,似乎整个镇子都被发动起来了。一整天都有好几千人列队而行,浩浩荡荡地巡游在镇子的每一条主干道上,以期路过所有居民区中的可观范围,而全镇总人口才有 5 万人。那些没有走在巡游队伍里的人,似乎都站到了路边观看。他们摆上供桌为神灵敬献祭品,一旦巡游队伍走近,就上香、鸣放鞭炮。"醮"的主要组织者和重要捐助人要在道观里待上好几个晚上,而道观则成为"醮"仪式的焦点。这是我人生中第一次真正的田野调查经历,我也在道观里的大殿里待了两个晚上,大殿里到处都是睡在席垫上的男人,每隔几个小时他们都会被钟鼓声叫醒起来聆听道士诵经。

这一次的经历之后，我决定把美浓作为我的田野调查点。

我的向导们帮助我在美浓镇上游走探访，以期找到一个合适的村子。为了与当时人类学的一些共同程序相符合，我们寻找的是一个符合"社区研究"各项要求的村子。村子不能太大也不能太小，在规模上适合一个单枪匹马的人类学者在村子里开展一项对于"整个社区"的实地研究。经过几天的探访并咨询当地居民之后，我选定了大崎下——一个拥有 69 户人家的小村庄。快速调查之后，我立即发现了该村落生活的一个完全意想不到的特点。在这个村子里，许多家庭的人口规模都比较庞大，他们属于联合家庭（joint families）。令我感到惊奇的是，时至 1963 年，在台湾乡村里居然还能找到若干兄弟及其父母和他们的妻子儿女同堂而居，从而构成一个共同经济、居处和消费单位的大家庭。

在美浓住了几天之后我回到了台北，又花了几个月的时间继续我的语言学习并准备开始我的田野调查，此时的我对这项调查充满了期待。其间我又短暂地返回美浓几次，寻找住房和田野调查助理。由于我被该村的许多联合家庭吸引，所以特意安排我自己与三个这样的大家庭一起生活。我在其中一家开伙食，在另一家的院子里办公，把住宿安排在第三家。这样一来，我就可以每天观察这三个联合家庭的日常活动，而且假以时日就能看出，这三家人的家庭生活模式有何共同之处，其家庭生活的一些模式是怎样与联合家庭结构联系在一起的；当然，在性格和关系的许多表征上，各个家庭都会因其个人和家庭环境的差异而各有不同。

1964 年我搬进大崎下村，在那里住了一年半的时间，直到 1965 年夏天离开。这是一次极其宝贵的田野调查经历，不管选择田野调查地点的传统标准背后是什么样的逻辑，"不要太大也不能太小"的这一标准肯定有其道理。我和我的调查助理一起很快养成了每天都在村里逛一逛的习惯,我们走的路线是环形,以便能够途经村中的所有院落,并有机会与每个院子里的人交谈。大约两个月之后,我认识了每个家庭的户主和其他成年男子中的绝大多数人。我也认识了一些妇女,但是按照当地习惯,我是根据她们与其家中男人的关系来识别她们身份的。在田野调查的过程中我不断地置身于村庄生活许多方面的"参与观察"中,的确,我对在这里所遇到的一切事物都很关注。

不过,几乎是从我开始田野调查的时候起就对该村的两大特征特别感兴趣,在我看来正是它们在村落社会里发挥了极其重要的作用。其中一个特征,我在前边已经提到过的,就是联合家庭在这里占据着主导地位:到 1965 年 5 月 31 日为止,村里有 689 口人,而其中的 377 人,即全村人口的 55%,来自联合家庭;那些当时不属于联合家庭的人在早年时也都曾经是这类联合家庭的成员,只是分家和结婚分居之后才形成了比较简单的家庭结构。换句话说,村里的绝大多数人都在其人生的某段时间里属于联合家庭的成员。该村村落生活另一个特征——烟草的种植——引起了我的特别关注。在包括该村在内的整个美浓,烟草比台湾其他地方都要种得多一些。值得注意的是,烟草种植对于劳动力的需求很大,是台湾地区劳动力密集度最高的作物种植业。事实上,烟草种植的时节正好处于两季稻米种植之间的农闲季节。但是,如果一年之中有了两季稻米和一季烟草的种植,就再也没有任何农闲休整的时间了,每个农业年度里农民的劳动量变得很重。

在我看来,烟草种植与联合家庭的盛行之间存在着重要的关联。联合家庭是增强家庭劳动力特别是女性劳动力的重要途径。在一个联合家庭中,如果说有三个已婚的兄弟的话,通常便是由他们的母亲来负责管理伙食和家务,只留三个儿媳当中的一个轮流在婆婆身边当帮手,而其他两个儿媳都得与男性家庭成员一起下地干活。这样,联合家庭组织中有了更多的劳动力可用,而在烟草和稻米种植并举的情形之下这样的劳动力恰恰又是亟须的。劳动力需求和家庭结构之间的这种关系之所以能够形成,还有一个前提,那就是当时的农业还处于机械化的初级阶段,因此对劳动力的需求较大。而且当时的家庭制度注重的是家庭经营上的团结一致,而不是浪漫和情欲。尽管完全的"包办婚姻"早在很多年以前就已被取缔,婚姻依然是由家族来安排的。夫妻之间的感情纽带虽然肯定存在,但不能在私房之外公开表现。成功的联合家庭往往具有以下基本特征:兄弟之间团结;夫妻之间有距离;家长享有权威,通常是父亲管制儿子们,而母亲则管制着儿媳们。当我看到家庭结构与经济因素之间的这种清晰的关联时,家庭结构本身成了我关注的焦点。毋庸置疑,此地的传统联合家庭不仅存在于过去,而且还依然活在现代,它们与我所读到的关于传统家庭情形的描述高度吻合。重要的不同之处只在于,这些联合家庭不是什么精英的或"乡绅"的家庭,而是普普通通的农民家庭。

联合家庭进入中国研究的人类学视野,在很大程度上牵扯到家庭"类型"的概念。如果联合家庭是一种"类型"的话,按常理类推,就应该同时存在着其他的家庭"类型",诸如:由一对夫妇及其未婚子女组成的夫妇家庭(conjugal family),由两代人组成但每代只有一对夫妇的主干家庭(stem family),等等。在中国的情形里,通常是一对夫妇与他们的一个未婚儿子居住在一起。一个联合家庭至少含有同一辈的两对夫妇,即至少两个兄弟及其妻子。从"类型"的角度来看,联合家庭的存在并不普遍,在任何地方任何时间节点上,绝大多数家庭都是夫妇家庭或主干家庭。但到了 20 世纪的三四十年代左右,有几位英国社会人类学家提出:在任何社会里,家庭都将会经历一个

"发展的周期"，而对于中国的个案而言，最常见的就是，随着长子的结婚，夫妇家庭演变为主干家庭，然后又随着另外一个儿子的结婚而演变成联合家庭，最后会在所有儿子都结婚一段时间之后发生分家，从而再次产生若干夫妇家庭。按我的理解，正是这一观点使得有关中国家庭组织的整个讨论都发生了转型。现在的问题已经不再是何种家庭类型占据主导地位而是家庭发展的周期阶段的问题了。譬如，在中国任何一个具体的社区里，在目前、过去或将来某个时间节点上，每种"类型"的家庭究竟拥有多少比例的人口，它们在多大程度上能够真正代表家庭发展的一个或多个周期阶段？

哥大教学生涯与台湾汉人社会研究

图 3 《家的合与分——台湾的
中国家庭制度》书影

我的博士论文就是我在攻读研究生期间所做的这一次田野调查的基础上写成的，后来我把它几乎从头到尾地改写了一遍，以"家的合与分——台湾的中国家庭制度"（*House United*, *House Divided: The Chinese Family in Taiwan*, 1976）为题正式出版。但是在此书出版前发生的几个学术事项对我的职业生涯有着很大影响。在中国台湾旅居了两年半之后，我于 1965 年回到纽约，并且获得了一份专门资助我写作博士论文的奖学金。1965 年末，当我正在奋力写作博士论文时,有幸接到著名的人类学家罗伯特·史密斯(Robert Smith)的电话,他当时是康奈尔大学人类学系的主任。他问我是否有兴趣到康奈尔去任教,我当然充满激情地回答说"是"。在当时的康奈尔大学人类学系里,沃尔夫(Arthur Wolf)担任着助理教授的职位,而傅里曼从伦敦经济政治学院过来担任访问教授。我到康奈尔做了一场学术演讲,会见了那里的教员,这对我来说是一次激动人心的经历。果然没过多久我就收到了一封正式的任职邀请函。拿着这封信我去找我的导师福瑞德请教何去何从。他做出的回应却是问我是否想在哥大任教,这我当然想。就这样,我从 1966 年 9 月开始以哥大讲师的身份开始了我的教学生涯。最初我讲授的并不是人类学方面的课程,而是当时称为"东方研究专业"(Oriental Studies Program)的课程,该专业的负责人是德巴瑞教授(William Theodore De Bary)。要讲授的这门东方研究课程覆盖中日印三个国家,我负责讲授中国和日本方面的内容,而印度方面的内容则由另一名同事承担。给学生的指定课程读物里,从中国古代经典直到关于现代中国的论著,都有所选定。通过教这门课程,我了解或重新熟悉了中国文明方面的核心文献,让我又一次得到重塑,为我自己的研究发现提供了更广阔的视野。涉猎日本方面的研究,使我开始注意东亚文明异同方面较为宏大的问题。

第一年的聘期结束后,我便正式加入了哥大人类学系的教师队伍,这些老师我在读研期间就已熟识。我一开始还是讲师,1967 年在我完成并答辩了博士论文之后才提升为助理教授。在讲授人类学课程的第一年和之后的几年里,我主要是给本科生讲授人类学导论课,这是一门长达两学期的课程。第一学期讲的是体质人类学、语言人类学和考古人类学方面的内容,第二学期讲的是文化人类学的内容。当时,我采用的是四学科合一的取向,这种取向在哥大的主导地位一直维持到 1980 年代后期。除此之外,我还开设了"东亚民族"(Peoples of East Asia)、"农民社会"(Peasant Societies)等本科课程,也为研究生讲授了一门题为"帝制晚期的中国"(Late Imperial China)和一门题为"现代中国"(Modern China)的课程。最后的这门研究生课程难度更大一些,因为 1960—1970 年代关于中国的具有专业水平的人类学报告还很缺乏。

在我的教学生涯中,我常和其他教师一起结成团队,开设合授课程。例如,在 1970 年代,大卫·约翰逊(David Johnson)教授和我开设的关于中国的合授课程,被列为人类学系和历史系跨系共选的课程。通过该课程,我们想让学生们了解如何从人类学和历史学的双重视角来研究中国。在 1980 年代,我与日本研究专家、社会学系教授赫伯特·帕森(Herbert Passin)合作开设了一门研究生课程,旨在比较中国清代和日本德川时代的社会组织,其目的就是要对东亚这两大社会之间的异同进行比较。这几年,艾瑟尔·沃洛奇(Isser Woloch)教授和我合作开设了一门本科生高级研讨课程,将法国大革命与中国共产主义革命进行比较,此课程已经合授了好几个学期。这些课程的讲授,对于提升我自己关于中国人类学的思考具有很大的益处,每门课程都提供了一些重要的比较视角。

现在回过头来说说我在研究上的进展。在我从中国台湾返美几年之后,伯顿·帕斯特纳克(Burton Pasternak)教授和我共同开展了一项联合的田野研究,地点就在美浓,时间则是 1970 年。帕斯特纳克和我是哥伦比亚人类学系读研期间的同学,都是福瑞德的弟子,也都对研究中国感兴趣。他和我一样,博士论文的田野研究都是在台湾做的。当我在美浓做田野研究时,他就在台南的另一个客家村庄——打铁庄开展田野研究。这一次,我们对美浓的研究兴趣源于施坚雅当时提出的"地方体系"(local systems)论。我们的想法是要对美浓镇进行全面考察,包括镇中心和该镇辖区内的所有村庄。我们想研究这个镇的历史发展和当代社会,并侧重于各种社会形态之间的相互关联。比如,历史上和现当代美浓民间宗教活动中地方精英的角色。我们的研究项目获得了立项资助,于是我们于1970—1971年间在美浓镇做了长达一个学年的全面调查。在这一年里,我们获得了大量的资料,从清代的契约、账册和其他文书到日据时期的户籍田册记录,都一应齐全,当然日据结束以后的文献资料就更多了。帕斯特纳克和我都利用这些资料发表了研究成果,但资料之多远远不是我们两人的研究写作能够用得完的。

中国大陆(内地)田野调查梦想成真

在美浓完成第二次田野调查返回美国之后的若干年里,我的关注点主要在教学和田野调查资料的整理写作。但是,和研究中国人类学的其他美国同事一样,我们也都一直盼望能够有机会到中国大陆(内地)去,因为当时前往中国大陆(内地)开展人类学研究的大门对美国还是关着的。时至1975年,前往中国大陆(内地)的机会终于不期而至了。在美国总统尼克松访华之后,中美签署了两国之间互派科学交流代表团的协议,并且允许美国代表团里有一名中国问题专家。于是我有幸在1975年被选定去陪同美国血吸虫病代表团出访中国。我们的代表团一行于当年4月中旬抵达北京,在华中和华南等地访问了两周后,于5月2日从广州出发赴香港。中国当时还处在"文化大革命"时期,人们的生活却依然有序进行。能够有机会观察到这一社会情景及其所表现出来的复杂性,哪怕只是在短短的两周时间里,于我而言已是莫大的收获。这次重要的访华经历,极大地深化和丰富了我对中国的认识以及我所讲授的关于中国的课程。

1979 年,中国实行改革开放之后,第一批美国人类学家获准进入中国大陆(内地)开展长期田野调查。次年,包括人类学中国研究专家和其他很多人在内的美国人类学学术界欣闻他们的同行费孝通教授在 35 年后重访美国。在哥大,福瑞德教授安排费教授做了一场学术演讲,演讲地点是在一个很大的报告厅里,当时挤满了听众。就是在此期间,我才有幸首次与费教授相见的。我们进行了一次长谈,我深感到他对我的研究工作和拟赴中国大陆(内地)开展田野研究的计划有着浓厚的兴趣。他非常鼓励甚至是敦促我尽快到中国大陆(内地)去做田野调查;他还请我与他保持联系,特别是在我到中国大陆(内地)去的期间。

然而没想到的是,我个人前往中国大陆(内地)进行田野调查的计划直到 1986 年才得以成行。在费教授的推荐和中国社会科学院的支持下,我获准到河北开展田野调查,调查的具体地方是河北省新城县杨漫撒乡杨漫撒村。我的这项研究计划获得的资助足以支撑我整整一个学年的调查工作,但我只能在这个村子里逗留四个月时间。因此,我决定先在北京待上一个月,做些研究准备工作,然后到杨漫撒村做为期两个月的第一轮田野调查,再返回北京待上四个月,整理和分析田野调查记录,并为下一轮和最后一轮的田野调查做好计划。我计划在完成村子里的田野调查之后,回北京待上一个月再返回纽约。就在我从田野调查点回到北京进行冬季休整的期间,我接到来自哥大的电话,告诉我福瑞德教授由于心脏病突发过世。我立即准备了一份要发送给他家人的唁函,但我当时想起次日还要按事先安排的预约时间到费教授家里去与他面谈,所以决定等我和费教授面谈之后再发出去。第二天,即 1986 年 12 月 21 日,费教授和我除了谈论原定话题之外,用了很长时间来缅怀福瑞德教授,我回到宾馆后将面谈时我和费教授共拟的悼唁函发给了福瑞德教授的家人。在北京和河北的那一年里,我先后见了费教授好几次,他对于中国人类学研究的激情为我本人的研究工作提供了动力之源。

我在杨漫撒村的田野调查基本上是按照计划中的时间表来展开的,只有一点是计划之外的,那就是应邀在村里过了一个春节。我的田野调查研究关注的是家庭,所感兴趣的是将杨漫撒村的家庭组织与我 20 多年前在台湾地区大崎下村观察到的情形进行比较。当我到达村里时,集体经济在三年前已经解体,计划生育政策已经实施五年了,但绝大多数家庭都有多个子女。早在田野调查之初我就发现,杨漫撒村的家庭组织与大崎下村相比,有着许多相似之处。两个村庄有着同样的家庭发展周期,只不过杨漫撒村的联合家庭阶段在时间上要短一些。在杨漫撒村,儿子一结婚就与新娘一起搬到自己的小家里去了,而同样的现象在大崎下村是在我离开若干年之后才发生的。还有一个现象也让我兴趣满满,那就是两个村庄里有关私房钱或体己钱的规制居然并无二致。与家庭经济生活的其他具体状况一样,两村都存在着"家长"(family head)和"当家人"(family manager)的重要区分,都实行职业多样化的策略,等等,不一而足。两村虽然天各一方,但其分家的过程却几乎一模一样。这当中包括,都要邀请亲戚和当地重要人物来协助分家,最后都要书写和签署一份分家契约或分家单。当然,两村之间的差别也不少,这是意料之中的事,但是两者之间有着如此多的相似之处,不能不使我觉得,汉族社会具有共同文化的这一观点不无道理。

从河北回到哥伦比亚大学之后,我就想到要通过在中国不同区域开展田野调查来加深我对中国汉文化的理解。经过与上海市社会科学院和四川省社会科学院协商,我在鲁斯基金会(Henry Luce Foundation)的资助下,获准安排在 1990 年春夏两个学期里到上海县(今闵行区)所剩不多的几个村庄住下来,开展两三个月的调查,也安排了同样长的一段时间到四川省成都市郊的农村去调查。此外,我的两名研究生正好也在四川和上海的其他地点进行田野调查。四名充满工作激情的研究人员加入了我们的这个研究项目,他们是上海市社会科学院的薛素珍和费涓洪、四川省社会科学院的赵喜顺和周开丽。我们的共同兴趣是家庭研究,但我们各自都有不同的研究主题。对我而言,最重要的兴趣就是了解上海和四川的家庭组织,这样我能将之与我在台湾和河北的研究结果相比较。与以前的调查结果相类似,我在田野调查中发现,在上海和四川的农村里,家庭组织的模式基本上与台湾和河北的基本相同。这四个调查点中最与众不同的是上海的那个村子,在那里入赘和收养过继现象比其他三个村子都要多得多。

然而,对我来说显而易见的是,从总体上看,这四个村子所具有的文化共同特征要远强过它们之间的差异性。这四个农村处于大中华区域里汉族聚居的南(台湾)、北(河北)、东(上海)、西(四川)地带,而中国这个国家的统治往往覆盖形形色色的、各种不同社会文化群体,其中汉族文化无疑是世世代代人口迁移过程中的产物,这种迁移往往都发生在以共同的国家制度和共同的文化知识及行为传承机制为基础的框架体系内。诚然,“汉族”这个概念已经存在若干世纪,至今仍然具有十分重要的意义;而我的兴趣是要从人类学的视角来探讨汉族文化的内涵。

1990 年以来的研究回顾

　　自从完成 1990 年的田野调查以来,我的研究工作绝大多数都建立在田野调查资料的分析基础上,但行政管理工作也占据了我大块的时间精力,在 2006 年 7 月至 2014 年 6 月我担任哥伦比亚大学魏德海东亚研究院(Weatherhead East Asian Institute)院长期间更是如此。在我的研究中,最主要的兴趣并不在于每个田野调查点的各种具体事项,而是每个调查点到底拥有哪些与其他调查点相同的文化元素。我对"历史人类学"(historical anthropology)越来越感兴趣,历史人类学在我看来就是将人类学的方法论应用于文献资料的分析中,而这类文献资料是通过民族志的田野调查研究获得的。从根本上说,在上述四个调查点上获取的田野调查文献资料使我的研究具有了历史的纵深度。这种历史理解正是我们所需要的,特别是在做文化比较的时候,许多的相似性可能是时代发展的结果,因而不同于那些来自共同文化遗产的相似性。由于中国在许多个世纪以来一直都在不间断地生产文献资料,甚至在村庄里都如此,可以说这个国家特别适合历史人类学的研究。事实上,这个研究领域的确也吸引了越来越多的中国人类学家,诸如庄英章、科大卫、周大鸣等许多学者都在此列。

　　这一时期我的研究重点是清代契约。在我看来,这些契约是中国文化传统的一部分,也是中国现代性的早期形式。立契为凭的做法在中国社会中随处可见,中国大陆(内地)、台湾和香港地区都已出版了许多契约收集汇编方面的书籍。我在台湾美浓地区收集了 200 多件清代契约文书,由于我通过田野调查对该地情况已很熟悉,所以

图4 《亲属、契约、社区与
国家》书影

这些契约对我的研究就特别有用。我已经运用美浓契约文献写出并发表了好几篇论文,其中有两篇我自认为是比较重要的,它们作为最后的两个专章,被收录到了我的专著《亲属、契约、社区与国家:从人类学视角看中国》(*Kinship*,*Contract*,*Community and State: Anthropological Perspectives on China*,Stanford University Press,2005)中。这些契约蕴含着清代社会经济生活许多方面的内容。最常见的契约莫过于两大类型,一类是关于分家的,另一类则是关于土地买卖的;其他的契约主要涉及水权、收养过继和各种交易。除了契约之外,我的研究还用到了一些重要的文书,包括账簿、收据、家谱等。

美浓是一个说客家话的地区,当地大部分居民最初是从广东省梅县地区迁徙过来的,也有不少人是从梅县附近的蕉岭县迁徙过来的。因此,我希望将自己的美浓历史人类学研究与美浓—梅县两地契约的比较研究联系起来。我想弄明白梅县客家文化实践是如何适应台湾南部的新环境的。在这方面,我从嘉应学院客家研究院房学嘉教授的研究成果和建议中获益很大。该校客家研究院收藏有大量的梅县契约、文书,仅将这些契约与美浓的契约略做初步比较,便已使我在梅县文化如何适应台湾环境条件的问题上获得了许多洞见。

我当前所做的梅县—美浓比较研究的另一个重要领域是祖先崇拜。有关中国人祖先崇拜的人类学文献主要集中在家庭或地方宗族

图 5　美浓大崎下村的大家庭,摄于 1965 年

的近祖崇拜。但是,在美浓和台湾的其他地区,对于本姓氏遥远的祖先们或本姓氏在某一特定地区的立族始祖的崇拜,主导着当地的宗教实践,而且得到拥有土地的各种祭祖组织的支持。在台湾,从中国大陆各地农村迁移来的定居者,通常有着同样的姓氏并住在同一社区中,很可能是通过祭拜共同的远古始祖而凝聚在一起的。有关这些遥远祖先的知识是从大陆带到台湾来的,而且最近我在房学嘉教授的陪同下专门就此问题到梅县考察了好几天时间。在梅县,农村祭祖组织所祭拜的遥远始祖,与县城的城镇居民祠堂里供奉的祖先是一模一样的。而在台湾,也是在一个共同的远祖名下,将那些从中国大陆各不同乡村来的同姓个体整合到一起。在梅县,同一远祖将许多个村子的宗族拢到一起,每个村子都出资来修建和维持同一个祠堂。许多这样的祠堂都修建在考院的附近,并且为那些前来参加考试的同姓考生提供住宿。这些远祖及其崇拜活动显然值得做更进

一步的研究,因为据我所知,现有的人类学研究文献对于其意义还远未给予足够的重视。

结　语

在我早年初步踏入人类学中国研究领域之门的时候,这门学问还十分弱小,所以,一个刚入门的研究生无须花多长时间,就能很快对该领域中国和美欧知名学者们的论著了如指掌,同时也能很快熟知那些在北美、欧洲、日本、中国台湾和中国香港等地攻读人类学中国研究领域学位课程的研究生同行。大家基本上都互相认识,或者至少相互都听说过对方的名字。与我同一时代进入这个领域的人目前健在的已经越来越少,但现在该领域的学者数量却是越来越多了。近年来,每当我去中国出席会议,或者参加诸如美国人类学协会(American

图 6　孔迈隆教授参观上海犹太难民纪念馆

Anthropological Association)和亚洲研究协会(Association for Asian Studies)之类的重要学术社团年会时,都会惊喜地遇到大量的人类学中国研究专家,而且更令我惊奇的是,他们中的大多数人都是我不认识的。不过,我对此感到非常欣慰,因为这表明我们这个研究领域已经取得了很大的发展。研究中国的人类学者越多,对我们这个世界就越好:中国正在急速变化之中,这一切就发生在我们眼皮子底下;我们作为人类学学者,对这些变迁的研究越多,就越有利于我们正确理解中国的历史和现状,也就能够更好地将这样的知识传播给学生和社会各界人士,无论是在中国境内还是境外都如此。

（江雯娟等译　龙宇晓校）

第十二讲　人类学视野下的关怀护理[①]

［美］凯博文[②]

　　关怀护理在这里主要指的是关怀老人、残疾人和病人，如果我们查一下牛津英语词典，会发现"care-giving"有两层含义。作为一个名词，它与照顾小孩、病人、老人的需求相关；而作为一个形容词，它指具有照顾那些不能自理者的特点。我认为，关怀护理比我们平时想到的医学健康领域的照料要重要得多，它很可能是日常生活中最为核心的社会性存在，而我们却很危险地将其视作当然。我在这里试图开启另一种理解关怀护理的思路，同时给出顾及普通人的解释和专业意涵。

图 1　凯博文教授讲座现场

---

①　本文系 2010 年 3 月 19 日凯博文教授（Arthur Kleinman）于复旦大学逸夫科技楼所做的"当代人类学讲坛"第一讲的讲稿。讲稿整理者为复旦大学人类学专业 2008 级硕士、德国马克斯-普朗克宗教与族群多样性研究所博士、复旦大学发展研究院博士后、华东政法大学教师何潇。

②　凯博文，美国哈佛大学人类学系教授，哈佛亚洲中心主任，复旦大学名誉教授。

现在让我们先抛开字典里的含义,从日常体验的民族志中来审视。在我看来,民族志是人类学最核心和最重要的方法论。关怀和护理是个人和集体给予照料支持,形成共同体;同时也包括实实在在的行动、情感回应和相互间的理解和关注;同时也是一项道德实践,给予关怀护理与接受护理息息相关。大多时候我们都在谈论如何给予关怀护理,但同样重要的是关怀是如何被接受的,我认为这是一个道义互惠的过程。

我认为最好先看一看生物和社会过程之间的互动。为什么需要关怀护理呢?首先是因为一些严重的健康灾难。当你们到了我这个年纪,你们会更理解这一点。这些严重的健康灾难包括:各种形式的神经退行症状,如阿尔茨海默病;各种晚期癌症;肝脏、心脏等器官的衰竭;还有就是流行病,我们不由得会想到几年前的"非典"。

关怀护理最大的一块领域是针对老年人,这对中国社会和美国社会而言都是一个大问题,老龄化是个很重要的课题。在座的人类学和社会学学生都知道,截至 2004 年,中国 60 岁以上的老年人要多过五岁以下的儿童。这是人口上的一次大变化。在中美两国,80 岁以上的高龄老人正在成为一个不断庞大的群体。我不知道中国有多少一百岁以上的老人,日本有 36 000 个百岁老人,美国有 90 000 个百岁老人。老龄是我们必须面对的问题,因为它与各种形式的身体残疾、脑衰退、衰老相关。我们同时还可以找出需要关怀护理的其他原因,如那些严重的身体和精神残疾。

下面我们可以看一下关怀护理的模式(图 2)。

这一理论图式是我 1970 年代在台湾做田野期间发展出来的。就这个图来说,我确信在大多数社会,大多数的关怀护理都不是在医疗机构(即公共医疗部门),也不在中医部门或者巫医那里,大多数是

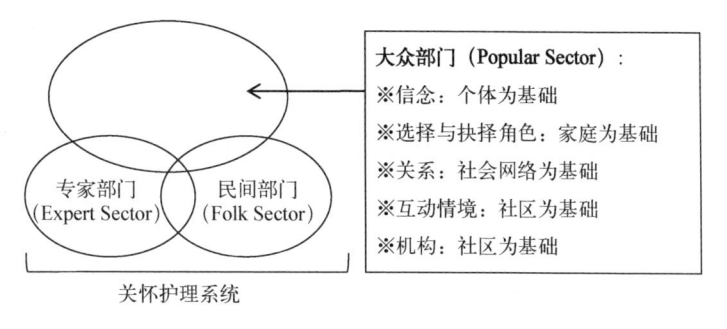

大众部门（Popular Sector）：

※信念：个体为基础

※选择与抉择角色：家庭为基础

※关系：社会网络为基础

※互动情境：社区为基础

※机构：社区为基础

专家部门（Expert Sector）

民间部门（Folk Sector）

关怀护理系统

图 2　关怀护理模式

在家庭情境中完成的。家庭治疗，或者我们可以说大众部门的治疗，包括自我照料，自己照料自己，也包括家人间的相互照料。在今天的讲座中，我想对家庭治疗与专业治疗作一个区分。

我认为，西方的生物医学（biomedicine）中的关怀护理越来越少。为了让你们认识到我们谈话的话题充满美学的愉悦和丰富的情感，我给大家展示一幅凯绥·珂勒惠支（Kathe Kollwitz）的经典作品《悲伤》（图 3），你可以从中感受到深刻的悲痛，这种感受是那些遭受疾病或残疾的人和护理者的重要体验。在西方和东方传统中，我们可以看到许多将关怀护理描绘成家庭事件的艺术作品。比如，17 世纪荷兰伟大的画家伦勃朗（Remlorandt）画了一幅妻子卧病在床的画像，一位护理者在旁边，这幅画强调了护理的家庭情境。在我看来，伦勃朗最伟大的作品是一幅犹太医生画像（图 4），现在存放在阿姆斯特丹博物馆，画中医生的脸透露着慈悲、对他人的关心、人类的良知，这些都与关怀和护理息息相关。

即使是在 19 世纪晚期，关怀护理依然是西方医学传统的核心，90％的护理都是由医生提供。这是卢克·菲尔德斯（Luke Fildes）的一幅画作（图 5），一位医生，他不是在诊所或者医院，而是在一个病人

图 3　凯绥·珂勒惠支(1867—1945)
《悲伤：纪念恩斯特·巴拉赫》

图 4　伦勃朗的医生画像,可能是
埃弗拉姆·布埃诺
(Ephraïm Bueno)医生

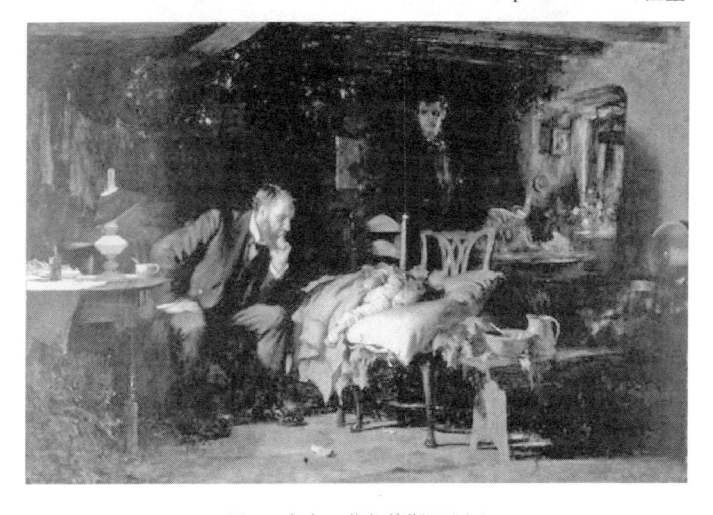

图 5　卢克·菲尔德斯《医生》

的家中,坐在儿童的身边,注视着儿童,在场陪伴。就是这种在场
(being there),我在后面还要提到这种在场不只是对医生重要,对所有
的护理者都很重要。然而现今这种医生和病人在家庭场合中相遇的
画面越来越少了。我们也可以去云冈石窟(图 6)和敦煌石窟(图 7)

图 6　云冈石窟，释迦摩尼会见穷人、病人、老人和死人的场景

图 7　敦煌石窟隋-302 窟窟顶人字坡西坡—福田经变局部：疗救众病

看一看,那里有很多护理方面的雕塑,关怀护理病人是佛教的一项核心内容。

　　我可以给你们很多这样的事例,但是今天时间有限,我想强调的是,同样这一关怀护理传统非洲也有。这是来自刚果的石像雕塑(图8),病人和治疗者在一起,同享一块关怀的空间。这里是来自哈佛一个非政府组织——"健康伙伴"(Partners In Health)的一张图片(图9),他们正在为苏图的艾滋病人进行治疗。从这张照片中,你可以看到非洲的大家庭正在负责护理事务,其中有兄弟姐妹、阿姨、父母。这张《医学院学生》(图10)来自西方传统,是伟大的西班牙画家毕加索画的医学院学生画像。让人印象深刻的是他睁一只眼闭一只眼。我们总以为医学院学生都是怀着对关怀护理的巨大兴趣和对病人苦

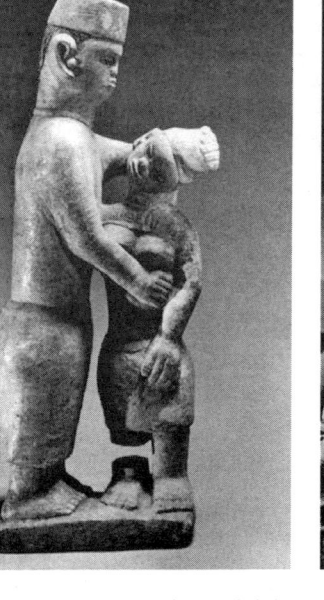

图 8　刚果石像雕塑——病人和治疗者　　图 9　艾滋病患者的家属陪伴在病人左右

图10　毕加索《医学院学生》

痛的同情心而来到医学院。然而，随着时间的推移，他们变得更加专业化，失去了原有的志趣，与病人渐行渐远。事实上，人们常常开玩笑说哈佛医学院的学生两只眼都闭着。这里的重点是，医学院将医生专业化，同时将护理专业化，这使得医学院并没有培养学生的护理能力，反而是削弱了他们的护理能力。

接下来我想谈谈病人和家属在护理中的任务。我一辈子都在研究这个话题，但我一直所知甚少，直到我的太太因为阿尔茨海默病需要我照顾。她曾经来过复旦，很遗憾她今天不能来，她是一位杰出的翻译家、学者，明天是我们结婚45周年纪念日。自从成为她的主要护理者之后，我才真正开始学习什么是关怀护理。在她生病的七年间，身体每况愈下。我帮助她进食、洗澡，带她四处转转。我帮助她进行这些物质行动（material acts）、实实在在的行动（practical acts）；我认为关怀护理就是这些实实在在的物质活动。当你在从事这些物质活动时，你就卷入了关怀护理的世界，这种方式与你仅仅在那里思考这些护理活动是不同的。你去做，你在场，这对于那些从事护理的人来说才是最重要的。在1860年，护理学先驱弗洛伦斯·南丁格尔（Florence Nightingale）为护士写了一系列指导护理的笔记，这些笔记就是关于在实践中护理应该怎么做。这些笔记在今天看起来和在1860年时一样出色。

但是实际的帮助并非关怀护理的全部，我们还要看到情感和道德体验。对于负责护理的家庭成员和专业人士来说，其中最为重要的道德体验是"承认"（acknowledgement），也许我们最好把"承认"和"确认"（affirmation）放在一起考虑。所谓"承认"这种道德体验就是认同他人的需求，你对此必须有所回应。在这里我引入了法国哲学家列维纳斯（Emmanuel Lévinas）的一些思想。他认为人类最为重要的一项活动就是对他者的承认。当你不如此做时，你就不够尊重别人；用中国的话说，你不给面子。当你回到《论语》，那些对"他者"采取不承认态度的人被称为"小人"，也就是说他们还不是完完全全的人。

关于"承认"的概念意味着伦理要优先于认识论。我们在展开互动的时候已经有了一个伦理立场，这对于关怀护理来说至关重要。所谓"承认"这种道德立场就意味着对他人的肯定，一种对他人积极的评价。伴随而来的是对关怀护理非常重要的情感支持，我们将会看到道德团结感（moral solidarity）和道德责任。

两年前，我有幸去斯德哥尔摩大学参加一次会议，这次会议是欧洲学术界对我的作品的一个回应。在这次会议中，一位主教让我明白了什么是道德团结。他说，有时候我要面对一些奄奄一息的生命，我不能说什么，也不能做什么，我只是在那里，面对面，我希望我在场。这种坚持在场就是一种道德团结感。我们还不能忘记关怀护理中的其他任务，这在临终关怀中特别重要，每一个杰出的家庭、医生、护士都会知道这些。其中包括咨询经济、法律、宗教、心理方面的顾问；还有就是在场陪伴，当你真正陪伴另一个人的时候，你也会认识到自我的存在，你需要付出一些东西，你重新活跃起来，双眼明亮，面向他者。这种在场对于关怀护理来说意义非凡。在一次次观察那些最为有效的关怀护理时，我见证了在场的重要性；而那些较为失败的关怀护理往往源于不在场。

我想就关怀护理的道德意涵做进一步的解释。我想说的是,关怀护理是定义人性和我们与他人关系的存在性行动(existential acts),它是我们生命中要紧的事情。在《道德的重量》(*What Really Matters*)这部作品中,我认为关怀护理是对我们当今危险和不稳定人类状况的回应。经济学家将关怀护理视作为一种负担,并试图衡量它的花费。我认为,关怀护理固然是一种重担,但不止于此,它同时是我们存在于世的方式。当你是一个护理者时,这就是你的存在,而不是负担。令我惊喜的是,昨天我听说哈佛杰出的政治理论家和道德理论家桑德尔(Michael Sandel)要来复旦演讲,当他批评市场模式时,他也在或多或少地做出和我同样的宣称。

我同时想说的是,关怀护理将让我们思考道德体验(moral experience)和伦理理想(aspiration for the ethic)之间的区别。在现今愤世嫉俗和缺乏忠诚的全球文化中,关怀护理往往是我们真正值得付出的伦理承诺(ethical commitment)。

我们再来看一看医学人类学的一些研究。大多数的研究都集中于专业的护理,而非家庭护理。关于护理的案例集中于医患关系和专业护理技能。家庭健康护理很少被研究,但在美国,家庭健康护理非常普遍。美国据说拥有 100 万家庭护理者。如果我们看看中国的中等收入阶层,我们再看看有多少人愿意照顾他们的老人,有多少家庭请农村来的女工来帮忙护理,我们将会发现中国面临着很大的家庭健康护理的压力。社会工作显然是护理的一个重要部分。中国也正在重新发展社工。作为一名伟大的精神医学家,韩芬(Fanny Halpern)20 世纪二三十年代在上海圣约翰大学任教,她将社会工作引进中国,当然我们知道这一路线没有延续下去了。我们还知道其他类型的专业护理,例如理疗(physical therapy),职业疗法(occupational therapy)、康复(rehabilitation)、临终关怀(hospice)、精神疗法(psychotherapy)和宗教咨询(pastoral counseling)。

　　我还没有去中国的书店,我希望我有机会去。如果你走进自助类书籍那一栏,你将会发现各种各样关于关怀护理的手册。但当你走到医学那一栏,你却找不到任何这类书籍。所以我们可以看到关怀护理的知识是在更为广泛的范围内得以传递,而不仅仅限于医学和其他专业领域。两年前,我有幸到荷兰的莱顿大学访问,我将演讲的题目定为"今日的生物医学与关怀护理:它们不相容到离婚的边缘了吗?"我的意思是它们正渐行渐远。

　　现在让我们花点时间来思考一下关怀护理与社会地位之间的关系。用布尔迪厄的话说,我们来看一看护理人员所掌握的文化资本、社会资本和经济资本。我们首先会发现关怀护理与社会地位之间存在着一个反向的关联。那些在健康医疗专业中占据较高地位的人员担任最少的关怀护理工作,而占据较低社会地位的护士和社工分担最重的关怀护理工作。家庭,作为社会阶梯中最下面的层级,分担最多的关怀护理工作。而在家庭中,谁又在承担关怀护理工作呢?女性。我几年前在上海闸北区调研过老年人的关怀护理,我听到了两种不同的声音。我访谈了一个老年人的儿子,他看上去有点儿迷惑,听起来给了老父亲很好的护理;但从他老婆那里得知,他在护理上几乎没帮什么忙。他说起护理的大道理来头头是道,但是具体的护理工作还是由自己的老婆承担。在世界各地,女性提供大部分的关怀护理,从照顾孩子,到家庭中的老人和病人。

　　我们迫切需要一些研究和理论。我相信医学人类学正在开始给我们提供关怀护理的现象学,去真切地理解关怀护理中到底发生了些什么，研究家庭和其他社会网络如何应对，审视关怀护理过程中的至关重要的情感经历。我可以直白地告诉大家，我们还不知道其中所蕴含的情感。美国的精神医生、心理学家、死亡研究专家，几乎所有的人都宣称死亡带来的情感体验是悲伤（sadness）。但是，我们并没有任何可信的研究来证实这一点。直到五年前发表的一项研究，发现悲伤其实只是一种关键的情感体验。在美国语境下，想念（yearning）是同悲伤一样强烈的情感体验，所以从事现象学的工作至关重要。在道德领域，我们同样没有弄懂关怀护理到底包含哪些关键的联系，如何用术语表述这些联系。在我看来，一些中国的表述要比西方的表述好。在家庭护理语境中，中国的"人情关系"这个词就非常适用。关怀护理既是一种"人情"又是一种"关系"。

我们同样需要理论。我的同事和我想在这方面做些贡献。我和另外两位医学人类学家微依那·达斯（Veena Das）、玛格丽特·洛克（Margaret Lock）编写了《社会苦难》（*Social Suffering*），我们想从社会苦难方面对理论领域有点贡献。我很高兴我的另一本著作《道德的重量》现在有了中文版。我的理论思考同样建立在我早期关于疾病叙事的研究中。在1998年斯坦福大学特纳讲座上，我第一次有机会思考关怀护理的理论基础。我认为从前过多地将注意力放在叙事和故事上是不够的。我们讲述的故事意在表达我们的体验（experience），当我们思考关怀护理的时候，"体验"是我们需要关注的话题。事实上，我非常喜欢中国的"体验"这一概念；这个词语表达出了一种身体的感受。从全世界的经验来说，体验有着强烈的实用（practicality）指向。这一点被伟大的哈佛教授威廉·詹姆斯（William James）精彩地论述过了。顺便说一句，今年是他逝世一百周年，哈佛将会在今年四月开展纪念活动；在哈佛，我们说威廉·詹姆斯是伟大的作家，而亨利·

詹姆斯（Henry James）是伟大的心理学家。威廉·詹姆斯确实是位杰出的作家，任何读过《心理学原理》（*The Principle of Psychology*）和《宗教经验种种》（*The Variety of Religious Experience*）的读者都会为之折服。而亨利·詹姆斯的故事很好地诠释了威廉·詹姆斯的思想。如果你曾经读过亨利·詹姆斯的作品《鸽翼》（*The Wings of the Dove*），你将会更加理解威廉·詹姆斯关于体验的思想：体验以实用性（practicality）和感受力（sensibility）为基础，当我们面对真正的危险和不确定性时，这种实用性油然而生，这也是生活的真谛。生活是道德的，体验也是道德的。在不确定和危险的环境下，那些最为重要的事往往倾注了我们的价值。在我们实践这些价值的过程中，我们称之为"道德"（moral）；这与伦理（ethical）不同，因为我们的实践不一定是好的或者是合乎伦理的，但依然是我们的生活价值所在。在道德和伦理之间的紧张感对于关怀护理来说很重要。换句话说，我们的体验嵌入我们所归属的地方道德世界（local moral worlds）；当然，我们不只属于一个，而是属于多个道德世界。对于像你们这样的复旦学生来说，你们既属于复旦的道德世界，同时也归属于你们老家的道德世界、你们家庭的道德世界。

我在两种意义上来使用"道德"这一概念。道德体验（moral experience）关乎价值，在这个世界上活着，处理与别人的关系，做有意义的事情；生活于某些特定的道德世界意味着你将不可逃脱某些道德体验。除了我们道德世界的道德体验之外，我们还有我们内心的道德生活。生活之所以是道德的，是因为我们大部分人都想做正确的事情、做好的事情，有一种正义感。从我个人 70 年的人生阅历来看，大部分社会的大部分人都在试图做正确的事情。

我想将伦理和道德区分开来。我只是从集体道德世界和地方道德世界、个体的道德和道德生活（moral life）来思考道德。我同样想说的是伦理也是两面的。首先，伦理是我们道德生活的一方面，其中意味着我们试图追寻一种更好的生活，试图超越地方道德世界。伦理的另一层含义是一种专业话语，是一种精英们的规范化语言。

现在让我们来考察一下我们道德体验的限制条件，这非常重要。第一方面的限制是制度化，你们可以想一想很多发生在医院中的关怀护理。其次还有言语上的限制，在这里我没有时间来讲这点。政治方面的因素无疑也非常重要。技术也对我们的道德生活有着深远的限制，关于技术我想强调的是我们往往过度强调它对关怀护理的作用。例如，美国癌症学会募捐信的大标题是"想象一个没有癌症的世界"。事实上，我们的世界不可能没有癌症；我们绝不是一个接近没有癌症的世界。在美国，我们发起了针对癌症的战争，就像大家知道的一样，美国人总喜欢发动各种各样的战争，但我们依然有50%的癌症不能治愈。事实上我们并不能通过技术手段来消除所有的疾病，我们依然需要关怀护理。同时在关怀照料中存在着文化差异，还有经济因素的限制，我在这里都没有时间一一作分析。

在今天的讲座中我试图囊括更多的观点。原谅我还要给你们介绍一个想法，我认为这对关怀护理非常重要。我在《道德的重量》中区分了英雄（heroic）行为与反英雄（anti-heroic）范围。那些英雄行为，我们会想到雷锋或者是 NBA 篮球运动员科比，或者是我以前的学生法默（Paul Farmer）和金镛（Jim Kim），他们两个人都是医学人类学家。金镛现在是达特茅斯（Dartmouth）大学校长（2012 年任世行行长），他完全改变了世界卫生组织对待结核病的方式，同时在非洲开办了面向穷人的培训项目。法默现在正在负责海地地震的救援工作，是全球健康方面的标志性人物。他们是英雄，从事这些英雄主义行为。也许你们会想到孙悟空,他也是英雄人物。但是我们中的大部分人,我们都只是从事一些非英雄主义工作,只有少数的人可以掀起英雄主义般的改变,但是我们都有可能去开启一个新的空间,挑战我们从前视作当然的事情。如果医学和关怀护理真的如我刚才所说正走在分手或离婚的路上,那么医学教师就要扮演这种反英雄主义角色,洞穿和怀疑那些关怀护理被低估的地方道德世界。这种反英雄主义的态度需要培养。你只要看看那些护理者具体做了什么,他们在做反英雄主义的行动,他们认为自己挑战了视作当然的制度模式。例如财政限制了一些事情的开展,没能为那些真正需要的人提供资源。我可以就这一点做一整个讲演,但在这里我只是告诉你们,如果你们真的同意我所说的关怀护理的重要性,而且这些关怀护理都是由那些非英雄的女性所承担,你们就应该知道资源应该分配到哪里,资源是用于宣传还是流向提供关怀护理的女性。这种反英雄主义有几个重要因素:一个是批判性的反思能力,为了一个更好的世界的伦理希望,反抗和开启另类行动的策略,这一点启发我在哈佛开设了一门本科生课程,但现在我没有时间分析这一问题。

最后,我以亨利·詹姆斯在《阿斯彭文稿》(*Aspern Papers*)里一篇名为《中年》的故事结束我的演讲。一个伟大的作家被一个年轻的医生照顾,而这位年轻医生的隐秘愿望是成为一名伟大的作家。这位临近死亡的作家明白了这点,于是想教给这位梦想成为作家的医生一些生活智慧。他说:"我们生活在黑暗之中,我们尽其所能,给予我们所能拥有的。我们的疑虑是我们的激情,而我们的激情是生活所在。"是的,我们的疑虑是我们的激情。如果你看一看现代性的进程,不管是中国的现代性还是西方启蒙运动以来的现代性,疑虑一直是现代性的中心。种种疑虑不会减少我们对他人的关怀和护理;这种疑虑对于关怀护理至关重要。如果你能去疑虑你是否护理得足够好、是不是有些事你没有做、医疗系统有没有给予恰当的关怀护理，或者是年轻医生疑虑他照顾病人方式是否正确，那么这些疑虑对于关怀护理来说至关重要。

最后这幅画是与毕加索那幅画异曲同工的中国版本（图 11），大家就它所表达的意思还有一些争论。这只猫头鹰，一只眼睁开，一只眼闭上。一些批评家说这只是猫头鹰睡觉的姿态，不过我问过一个人，他说猫头鹰睡觉时并不是这样。我想从中解读出的意义同毕加索的画作、詹姆斯的故事，还有关怀护理本身传递的意义相同。我们需要一只眼面朝世界，去聆听世界对我们的召唤，去承担道德重任；我们同时需要闭上另一只眼，也许闭上眼只是为了保护我们自己，让我们能再次及时地应对世界的需要，让我们不被过度地惊吓，或者有时候让我们闭目片刻，暂时远离世界的呼唤。这些紧张感和我们的疑虑恰恰是我所理解的关怀和护理的全部意涵。

图 11　睁一只眼闭一只眼的猫头鹰

（何潇整理）

图书在版编目（CIP）数据

当代人类学十二讲/潘天舒，胡凤松编.—上海：上海教育出版社，2023.4
（人类学讲读）
ISBN 978-7-5720-1501-4

Ⅰ.①当… Ⅱ.①潘… ②胡… Ⅲ.①人类学–研究 Ⅳ.①Q98

中国国家版本馆CIP数据核字(2023)第041085号

责任编辑　储德天
封面设计　夏艺堂

当代人类学十二讲
潘天舒　胡凤松　编

出版发行　上海教育出版社有限公司
官　　网　www.seph.com.cn
地　　址　上海市闵行区号景路159弄C座
邮　　编　201101
印　　刷　上海昌鑫龙印务有限公司
开　　本　890×1240　1/32　印张 7.5
字　　数　174 千字
版　　次　2023年4月第1版
印　　次　2023年4月第1次印刷
书　　号　ISBN 978-7-5720-1501-4/C·0010
定　　价　48.00 元

如发现质量问题，读者可向本社调换　电话：021-64373213